普通高等教育"十三五"规划教材
土木工程类系列教材

# 摄影测量学基础

主 编 丁 华
副主编 张继帅 李英会 张婷婷 成 遣

清华大学出版社
北京

## 内容简介

本书是摄影测量学基础教程,从摄影测量基本知识入手,由浅入深系统地介绍了摄影测量学的整个知识体系。全书共10章,主要内容包括摄影测量基础知识、单张像片和双像解析基础、空中三角测量及数字摄影测量基础。本书前6章为解析和模拟摄影测量基础知识,后4章为数字摄影测量的相关内容。

本书为摄影测量学基础教程,书中涉及大量的公式和矩阵运算,测量学基础、平差基础及线性代数为其先修课程,适合测绘及测绘相关专业的本科、专科和高职学生使用。

**图书在版编目(CIP)数据**

摄影测量学基础/丁华主编.—北京:清华大学出版社,2018(2025.1重印)
(普通高等教育"十三五"规划教材 土木工程类系列教材)
ISBN 978-7-302-51424-4

Ⅰ.①摄… Ⅱ.①丁… Ⅲ.①摄影测量学—高等学校—教材 Ⅳ.①P23

中国版本图书馆 CIP 数据核字(2018)第 242155 号

责任编辑:秦 娜
封面设计:陈国熙
责任校对:赵丽敏
责任印制:曹婉颖

出版发行:清华大学出版社
网 址:https://www.tup.com.cn,https://www.wqxuetang.com
地 址:北京清华大学学研大厦 A 座 邮 编:100084
社 总 机:010-83470000 邮 购:010-62786544
投稿与读者服务:010-62776969,c-service@tup.tsinghua.edu.cn
质量反馈:010-62772015,zhiliang@tup.tsinghua.edu.cn
印 装 者:三河市龙大印装有限公司
经 销:全国新华书店
开 本:185mm×260mm 印 张:10.75 字 数:262千字
版 次:2018年11月第1版 印 次:2025年1月第8次印刷
定 价:32.00元

产品编号:080546-01

# 前　言

　　摄影测量学是测绘学科重要的组成部分,经过一百多年的发展,已经从模拟摄影测量发展到了数字摄影测量阶段。最近几十年摄影测量的功能更加强大,应用领域也更加广泛,无人机技术就是目前摄影测量技术应用发展的热点之一。虽然摄影测量新技术在不断发展,但其摄影测量的基本原理没有发生改变,改变的只是将计算机模式识别技术、高分辨率遥感影像解译技术和数字影像处理技术等引入传统摄影测量体系中,生成更为强大的集成摄影测量系统。为了更好地学习和掌握这些新技术,读者需要学习摄影测量学的基础知识。

　　作者从2004年开始从事摄影测量学基础的教学工作,有着十几年的教学经验,能够根据教学要求和学生的需要编写教材。本书根据目前摄影测量学的发展,分为摄影测量学基础和数字摄影测量基础两大部分。前6章主要介绍传统摄影测量学的基础理论、方法和主要公式,这部分是本书的难点和重点,需要学生循序渐进地学习与研究;后4章主要介绍数字摄影测量的相关知识,包括数字高程模型、数字摄影测量基础、正射影像及数字摄影测量系统等内容,主要为适应摄影测量学新技术的发展而学习。

　　本书在编写过程中邀请奋战在摄影测量学教学一线的老师参与编写,包括张继帅,李英会,张婷婷、成遣、刘玉梅和杨大勇老师。部分学生和老师参与了本书的修改和绘图工作,这里尤其要感谢沈阳建筑大学的刘玉梅教授和2014级测绘专业的刘青豪同学。此外本书在编写过程中参考了许多国内外同行的教程和著作,在此向各位原作者表示感谢。

　　由于作者水平有限,书中难免有欠缺之处,恳请各位读者多提宝贵意见,我们将在教学中不断充实、完善。

作　者

2018年5月

# 目　录

第1章　绪论 ·················································································· 1

1.1　摄影测量学定义、任务及分类 ·················································· 1

1.2　摄影测量发展的三个阶段及特点 ·············································· 2

1.3　本书主要内容和安排 ······························································· 5

第2章　摄影测量基础知识 ······························································ 6

2.1　影像获取 ··············································································· 6

2.1.1　航空影像获取 ······························································· 6

2.1.2　遥感影像获取 ······························································ 13

2.2　摄影的基本要求 ····································································· 19

习题 ···························································································· 22

第3章　单张像片的解析基础 ·························································· 23

3.1　中心投影 ·············································································· 23

3.1.1　中心投影与正射投影 ······················································ 23

3.1.2　透视变换中的重要点、线、面 ·········································· 25

3.2　摄影测量中常用的坐标系统 ···················································· 27

3.2.1　像方坐标系 ·································································· 27

3.2.2　物方坐标系 ·································································· 29

3.3　航摄像片的内、外方位元素 ···················································· 30

3.3.1　内方位元素 ·································································· 30

3.3.2　外方位元素 ·································································· 30

3.4　坐标系的转换 ········································································ 33

3.4.1　像点的平面坐标变换 ······················································ 33

3.4.2　像点的空间坐标变换 ······················································ 34

3.5　像点、地面点和投影中心之间的坐标关系 ································· 38

3.6　航摄像片的像点位移 ······························································ 40

习题 ···························································································· 42

第4章　立体观察和模拟摄影测量 ··················································· 43

4.1　人造立体视觉 ········································································ 43

4.1.1　人眼的立体视觉原理 ······················································ 43

4.1.2 人造立体视觉产生的条件 ················································ 44

4.1.3 人造立体视觉效应 ······················································ 45

4.2 立体像对 ····································································· 46

4.3 立体像对的观测 ······························································ 47

4.4 模拟立体测图 ································································ 49

4.4.1 模拟立体测图原理 ······················································ 49

4.4.2 模拟立体测图仪 ························································ 49

习题 ··········································································· 51

第 5 章 双像解析摄影测量 ······················································· 52

5.1 双像解析概述 ································································ 52

5.2 空间后方交会和空间前方交会 ················································· 53

5.2.1 空间后方交会 ·························································· 53

5.2.2 空间前方交会 ·························································· 59

5.3 空间后-前方交会求解地面点坐标 ·············································· 62

5.4 解析相对定向和模型的绝对定向 ··············································· 63

5.4.1 解析相对定向 ·························································· 63

5.4.2 模型坐标计算 ·························································· 72

5.4.3 模型的绝对定向 ························································ 72

5.5 光束法整体求解 ······························································ 75

习题 ··········································································· 77

第 6 章 空中三角测量 ··························································· 78

6.1 解析空中三角测量 ···························································· 78

6.1.1 空中三角测量的概念 ···················································· 78

6.1.2 空中三角测量的分类 ···················································· 78

6.1.3 航带法解析空中三角测量 ················································ 79

6.1.4 独立模型法区域网空中三角测量 ··········································· 87

6.1.5 光束法区域网空中三角测量 ·············································· 90

6.1.6 三种区域网平差方法的比较 ·············································· 92

6.2 GPS 辅助空中三角测量 ······················································· 93

6.2.1 GPS 简介 ······························································ 93

6.2.2 GPS 辅助空中三角测量基本原理 ·········································· 95

6.2.3 GPS 辅助空中三角测量的作业过程 ········································ 95

6.3 POS 辅助全自动空中三角测量 ·················································· 97

6.3.1 POS 辅助空中三角系统的组成 ············································ 97

6.3.2 国外主要的 POS 系统 ··················································· 98

6.4 几种空中三角测量的比较 ····················································· 100

习题 ·········································································· 101

**第7章　数字地面模型** ······························································· 103

  7.1　概述 ····················································································· 103

  7.2　DEM 数据的获取及预处理 ······················································· 104

     7.2.1　DEM 数据的获取 ····························································· 104

     7.2.2　DEM 数据预处理 ····························································· 105

  7.3　数字高程模型的建立 ································································· 106

  7.4　TIN 数字地面模型 ··································································· 109

  7.5　DEM 数据的存储 ··································································· 112

  7.6　数字地面模型的应用 ································································· 115

  习题 ························································································· 116

**第8章　数字摄影测量基础** ························································· 117

  8.1　概述 ····················································································· 117

  8.2　数字影像与数字影像重采样 ······················································· 118

     8.2.1　数字影像的灰度表示 ························································· 118

     8.2.2　采样和量化 ····································································· 119

     8.2.3　数字影像的构成 ······························································· 119

     8.2.4　影像内定向 ····································································· 120

     8.2.5　数字影像重采样 ······························································· 120

  8.3　基于灰度的数字影像相关 ··························································· 122

  8.4　高精度最小二乘相关 ································································· 125

  8.5　基于物方匹配的 VLL 法 ··························································· 128

  8.6　基于特征的影像匹配 ································································· 130

  8.7　核线相关与同名核线的确定 ······················································· 134

  习题 ························································································· 137

**第9章　像片纠正与正射影像技术** ················································· 139

  9.1　正射影像 ··············································································· 139

  9.2　像片纠正的概念与分类 ······························································· 143

  9.3　数字微分纠正 ········································································· 145

  习题 ························································································· 148

**第10章　数字摄影测量系统** ························································· 149

  10.1　数字摄影测量系统的组成 ························································· 150

     10.1.1　硬件组成 ····································································· 150

     10.1.2　软件组成 ····································································· 152

     10.1.3　数字摄影测量工作站的主要功能 ········································· 152

  10.2　数字摄影测量工作站 ······························································· 154

10.2.1　工作站工作流程 …………………………………… 154
10.2.2　国内主要的工作站 …………………………………… 155
10.3　数字摄影测量产品 …………………………………… 163
习题 ……………………………………………………………… 163

参考文献……………………………………………………………… 164

# 第1章

# 绪　论

　　摄影测量学有着悠久的历史,从1839年达盖尔发明摄影术算起,至今已经有170多年历史了。摄影测量从模拟摄影测量开始,现在已经进入数字摄影测量阶段。传统的摄影测量学和遥感是相互结合的,它们共同的特点是在像片上进行量测和解译,无需接触物体本身。但是,随着科学技术的发展,遥感和摄影测量学已经成为测绘科学研究的两个不同方向。当代的摄影测量是传统摄影测量与计算机视觉相结合的产物,基于数字摄影测量理论建立的数字摄影测量工作站和数字摄影测量系统成为摄影测量学发展的主流。

## 1.1　摄影测量学定义、任务及分类

　　摄影测量学(photogrammertry)是对非接触传感器系统获取的影像与数字表达的记录进行量测和解译,从而获得自然物体和环境可靠信息的一门工艺、科学和技术。换言之,摄影测量学是对研究的对象进行摄影,根据所获得的构像信息,从几何和物理方面加以分析、研究,最终对所摄对象的本质提供各种资料的一门学科。

　　摄影测量学的任务是测制各种比例尺的地形图(包括影像地图、普通地形图等),建立地形数据库,并为各种地理信息系统和空间信息系统提供基础数据。主要内容包括:利用非接触传感器(如摄影机、红外线传感器等)获取被测物体影像,根据摄影测量的理论、方法,通过对像片的量测、计算、分析,形成地形图、图像、数字以及数字模型等测量成果。

　　摄影测量学的主要特点是在像片上进行量测和解译,无需接触物体本身,因此很少受自然和地理条件的限制。影像是客观物体或目标的真实反映,信息丰富、逼真,人们可从中获得所研究物体的大量的几何信息和物理信息,因此摄影测量可广泛应用于各个方面。例如,航摄飞机可以拍摄火山口、海面和滑坡山体的照片,对像片进行解译,获得所需要的信息,这在传统测量中是很难实现的。相比传统测量,摄影测量具有无法比拟的优越性,是近几年测绘科学发展的前沿,在国家建设和抗震救灾中发挥越来越大的作用。随着现代航天技术和电子计算机技术的飞速发展,传感技术从可见光的框幅式黑白摄影发展为彩色、彩红外、全景摄影、红外扫描、多光谱扫描、CCD(电荷耦合器件)推行式扫描与数字摄影,以及各种合成孔径侧视雷达等,它们提供了比黑白像片更丰富的影像数据。

　　摄影测量学可以从不同角度进行分类(图1-1)。按摄影距离远近分类,可分为航天摄影测量、航空摄影测量、地面摄影测量、近景摄影测量和显微摄影测量,其中航天摄影测量多指位于200km高空以上的高清晰卫星影像测量。按处理技术手段分类,有模拟摄影测量、解析摄影测量和数字摄影测量三种,其中数字摄影测量是目前摄影测量发展的主要方向,具

有很好的发展前景。模拟摄影测量的成果为各种图件(地形图、专题图等),解析和数字摄影测量除可提供各种图件外,还可以直接为各种数据库和地理信息系统提供数字化产品。按用途分类,有地形摄影测量与非地形摄影测量两类,其中地形摄影测量的主要目的是测制各种比例尺地形图,这也是摄影测量的主要目的之一,而非地形摄影测量用于解决工业、建筑、考古、地质工程、生物医学等方面的科学技术问题。

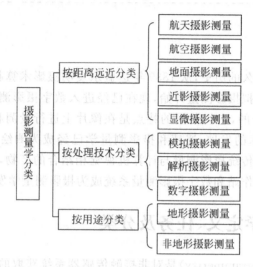

图 1-1　摄影测量学分类

# 1.2　摄影测量发展的三个阶段及特点

摄影测量可划分为三个发展阶段:模拟摄影测量、解析摄影测量和数字摄影测量。

### 1. 模拟摄影测量

从 1839 年科学家发明摄影术算起,摄影测量已经有 170 多年的历史,但将摄影学真正用于测量的是法国陆军上校劳赛达特,他在 1851—1859 年提出并进行了交会摄影测量。由于当时飞机尚未发明,摄影测量的几何交会原理仅限于处理地面的正直摄影,主要用于建筑物摄影测量,而不是地形测量。空中拍摄地面的像片最早于 1858 年,由纳达在气球上获得,1903 年莱特兄弟发明飞机后,才使航空摄影测量成为可能。第一次世界大战中,第一台航空摄影机问世后,航空摄影测量成为 20 世纪以后大面积测制地形图最有效、最快速的方法。我国航空摄影测量始于 1930 年,1949 年新中国成立后进入兴旺发达时期。

模拟摄影测量是在室内利用光学的或机械的方法模拟摄影测量过程,恢复摄影时像片的空间位置、姿态和相互关系,建立实地的缩小模型,即摄影过程的几何反转,再在该模型的表面进行测量。模拟摄影测量所得结果,通过机械或齿轮传动方式直接在绘图桌上绘出各种地形图与专题图,模拟摄影测量的成果大多是纸质的线划地图。该方法主要依赖于摄影测量内业测量设备,研究的重点主要放在仪器的研制上。模拟摄影测量时期,摄影测量工作者们都发自内心地拥护 19 世纪 30 年代德国摄影测量大师 Gruber 的一句名言,那就是:"摄影测量就是能够避免烦琐计算的一种技术。"这句话的含义就是利用光学-机械模拟装置,实现复杂的摄影测量解算。这一时期摄影测量的发展主要围绕昂贵的摄影测量仪器,由于摄影测量内业的测量设备十分昂贵,一般的测量单位无法开展摄影测量的生产任务,除此之外模拟摄影测量还有成图慢、效率低、操作烦琐、对操作人员要求高等缺点,导致摄影测量难以普及,一定程度上制约了摄影测量的发展。

### 2. 解析摄影测量

在模拟法摄影测量仪器大量研制的时期,丘尔奇在20世纪30年代就开始研究解析法空间前方交会、后方交会和双点交会,但由于当时是用手摇计算机迭代计算,速度与效益均达不到实际应用的要求。随着计算机技术的飞速发展,解析摄影测量进入全盛时期,20世纪50年代发展了解析空中三角测量,我国在20世纪60年代初期也开始了此项工作。1957年,海拉瓦博士提出利用电子计算机进行解析测图的思想,随着计算机的发展,经历了20年的研究和试用,到70年代中期解析测图仪才走上实用阶段。1976年德国欧波同厂首次推出Planicomp C100解析测图仪,1980年瑞士威尔特和克恩厂也相继推出各自生产的解析测图仪。解析测图仪逐渐取代模拟测图仪,成为20世纪80年代摄影测量发展的主流。

解析测图仪与模拟测图仪的主要区别在于:前者使用的是数字投影方式,后者使用的是模拟的物理投影方式。由此导致仪器设计和结构上的不同:前者是由计算机控制的坐标量测系统,后者是使用纯光学、机械型的模拟测图装置。此外两者的操作方式也不同:前者是计算机辅助的人工操作,后者是完全的手工操作。由于在解析测图仪中引入了半自动化的机组作业,因此,免除了定向的烦琐过程和测图过程中许多手工作业方式,但解析摄影测量和模拟摄影测量都是使用摄影像片,都需要人手动去操纵(或指挥)仪器,同时用眼进行观测,其产品则主要是绘制在纸上的线划地图或印在像纸上的影像图,即模拟产品。解析摄影测量未能完全摆脱模拟摄影测量技术,计算机必须与一台小型模拟摄影测量仪相连接,共同完成一项摄影测量任务,但解析摄影测量的效率大大提高了,同时也能生产简单的数字产品。

### 3. 数字摄影测量

摄影测量发展的第三个阶段就是数字摄影测量。数字摄影测量是指从摄影测量与遥感所获取的数据中,采用数字摄影影像或数字化影像,在计算机中进行各种数值、图形和影像处理,以研究目标的几何和物理特性,从而获得各种形式的数字化产品和目视化产品。数字化产品包括数字地图、数字高程模型(DEM)、数字正射影像、测量数据库等。目视化产品包括地形图、专题图、剖面图、透视图、正射影像图、电子地图、动画地图等。

数字摄影测量的发展源于摄影测量自动化的实践,即利用相关技术,实现真正的自动化测图。摄影测量自动化是摄影测量工作者多年来追求的理想,最早涉及摄影测量自动化的研究可追溯到1930年,但并未付诸实施。直到1950年,由美国工程兵研究发展实验室与Bauschand Lomb光学仪器公司合作研制了第一台自动化摄影测量测图仪。当时是将像片上的灰度转换成电信号,利用电子技术实现自动化,这种努力经过许多年的发展历程,先后在光学型、机械型或解析型仪器上实施,例如B8-Stereomat、Topocart等。此外也有一些专门采用CRT扫描的自动化摄影测量系统,如UNAMACE、GPM系统。与此同时,摄影测量工作者也试图将由影像灰度转换成的电信号再转变成数字信号(即数字影像),然后由电子计算机来实现摄影测量的自动化过程。美国于20世纪60年代初研制成功的DAMC系统,就属于这种全数字的自动化测图系统。它采用瑞士威尔特公司生产的STK-1精密立体坐标仪进行影像数字化,然后用一台IBM7094型电子计算机实现摄影测量自动化。武汉测绘科技大学王之卓教授于1978年提出了发展全数字自动化测图系统的设想方案,并于1985年完成了全数字自动化测图软件系统WUDAMS的开发。从1996年至今,数字摄影测量的研究及应用已经步入成熟期,它已能全面取代模拟摄影测量和解析摄影测量技术,广泛地应用于测绘、各类建筑工程、航空航天技术、地质勘测、医学研究等领域。

随着计算机技术及其软件的发展,数字图像处理、模式识别、人工智能、专家系统以及计算机视觉等学科的不断发展,数字摄影测量的内涵已远远超过了摄影测量的范围。数字摄影测量与模拟、解析摄影测量的最大区别在于:它处理的原始信息不仅可以是像片,更主要的是数字影像(如Spot影像)或数字化影像;它最终是以计算机视觉取代人眼的立体观测,因而它使用的仪器最终只能是计算机及其相应外部设备;数字摄影测量的产品更加丰富,它可以生产4D产品,即DEM(数字高程模型)、DOM(数字正射影像)、DLG(数字线划产品)和DRG(数字栅格产品)。由于数字摄影测量不需要笨重的模拟测图仪,其体积和价格也大幅下降,成图的精度和速度却大大提高了。数字摄影测量更多地依赖软件系统(数字摄影测量系统),而不是计算机硬件,在今天数字摄影测量已经完全取代模拟摄影测量和解析摄影测量,成为摄影测量发展的主流。

**4. 摄影测量学发展三个阶段的特点**

由于科学技术的飞速发展,特别是计算机和航空航天技术的飞速发展,摄影测量从早期的低效率模拟摄影测量发展到现代快速成图的数字摄影测量阶段。模拟摄影测量阶段是摄影测量发展的起步阶段,仪器昂贵笨重、生产率低等因素大大制约了摄影测量的发展。20世纪70年代计算机技术的出现,使解析摄影测量逐渐取代模拟摄影测量,这一时期不但为摄影测量的发展打下了坚实的理论基础,也出现了关于全数字摄影测量的构想,是摄影测量发展的重要阶段,20世纪90年代计算机软硬件技术飞速发展,航空航天科技快速崛起,数字摄影测量迅速发展起来,并成为摄影测量发展的主流。数字摄影测量彻底摆脱了模拟摄影测量笨重的仪器,以计算机软、硬件为核心,高效快捷的成图,半自动化的工作模式,使摄影测量在测绘行业中占有越来越重要的地位,目前是测绘成图的主要方式之一。

摄影测量三个阶段的特点见表1-1。

表1-1 摄影测量三个阶段的特点

| 发展阶段 | 原始资料 | 投影方式 | 仪器 | 操作方式 | 产品 |
|---|---|---|---|---|---|
| 模拟摄影测量 | 像片 | 物理投影 | 模拟测图仪 | 作业员手工操作 | 模拟产品 |
| 解析摄影测量 | 像片 | 数字投影 | 解析测图仪 | 机助+作业员操作 | 模拟产品+数字产品 |
| 数字摄影测量 | 数字化影像 数字影像 | 数字投影 | 数字摄影测量系统 | 自动化操作+ 作业员的干预 | 数字产品(4D产品) |

## 1.3　本书主要内容和安排

本书主要介绍摄影测量的基础内容,包括影像信息的获取、信息处理的基本知识和过程。一方面让学生从总体上掌握摄影测量学的基础知识和要点,为后续相关专业课的学习打好基础;另一方面介绍了数字摄影测量的相关理论和数字摄影测量工作站的主要操作方法,为学生进一步深造方向的选择提供帮助。

本书共分为 10 章:第 1 章为绪论,主要介绍了摄影测量学的定义、任务及摄影测量学的发展概况。第 2 章为摄影测量基础知识,介绍了影像获取和摄影测量的基本要求;第 3～7 章是模拟和解析摄影测量的内容,包括中心投影的基础知识、单张像片的解析和双像解析、解析空中三角测量等内容;第 8～10 章是数字摄影测量的基本内容,除了一些关于数字摄影测量基本概念和理论之外,还对目前国内主要的数字摄影测量系统进行了介绍。

# 第 2 章

# 摄影测量基础知识

## 2.1 影像获取

### 2.1.1 航空影像获取

摄影测量是对物体的影像进行量测与解译,因此首先要对被研究的物体进行摄影,获取被摄物体的影像,为此需要对摄影测量仪器以及摄影的基础知识有一个基本的了解。航空摄影测量主要使用的是专用的航空摄影机,它是一种专门设计的大像幅的摄影机,也称航摄仪。随着数字摄影测量技术的发展,有时也使用普通数字相机。航空摄影机可分为胶片航摄仪和数码航摄仪两种,其中我国最常用的光学胶片航摄仪主要有 RC 型航摄仪和 RMK 航摄仪,而数码航摄仪则根据其成像方式的不同分为框幅式(面阵 CCD)和推扫式(线阵 CCD)两种,此外高精度的遥感卫星影像也可作为数字摄影测量系统的数据源。

#### 1. 光学航摄仪

光学航摄仪是基于胶片的光学模拟摄影机,像幅尺寸多为 23cm×23cm(也有 18cm× 18cm),主要工作平台为飞机。其一般结构除了与普通摄影机有相同的物镜(镜箱)、光圈、快门、暗箱及检影器等主要部件外,还有座架及其控制系统的各种设备、压平装置,有的还有像移补偿器,以减少像片的压平误差与摄影过程的像移误差。框幅式光学航摄仪的结构图如图 2-1 所示。摄影机按小孔成像原理在小孔处安装一个摄影物镜,在成像处放置感光材料,物体经摄影物镜成像于胶片上,胶片受摄影光线的光化作用后,经摄影处理可取得景物的光学影像。摄影机物镜是由若干个不同曲率半径的透镜组合成的对称式物镜,借以消除或减小像差。

光学航摄仪除了有较高的光学性能、摄影过程的高度自动化外,还有框标装置,即在固定不变的承片框上,四个边的中点各安置一个机械标志——框标。其目的是建立像片的直角框标坐标,两两相对的框标连线成正交,其交点称为像片平面坐标系的原点,从而使摄影的像片上构成直角框标坐标系。新型的摄影机一般在四个角设定四个光学框标来建立像平面坐标系,很多框幅摄影机拍摄的像片既有角框标也有边框标,如图 2-2 所示。由于航空摄影机一般都具有框标装置,因此又被称为量测摄影机,其内方位元素是已知的。

光学航摄仪中组成物镜的各个透镜的光学中心位于同一直线上,这条直线 $LL$ 称为主光轴,如图 2-3 所示。物体的投射光线经过透镜界面逐次折射后取得折射光线。若以平面 $Q$、$Q'$ 来等价物镜组,则平面 $Q$、$Q'$ 将空间分为两个部分,物体所处的空间称物方空间,构像

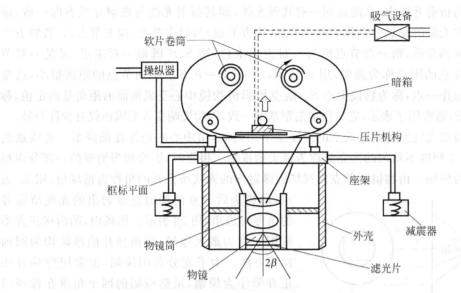

图 2-1　框幅式光学航摄仪结构图

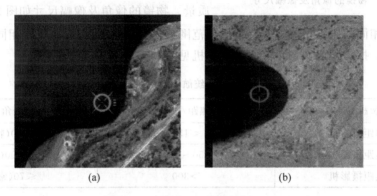

图 2-2　角框标（a）和边框标（b）

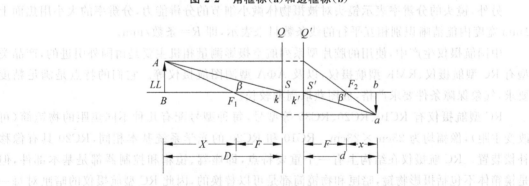

图 2-3　摄影物镜成像及物镜光轴主点、节点、焦点示意图

所处的空间称像方空间，因此平面 $Q$、$Q'$ 相应地称为物方主平面和像方主平面。平面 $Q$、$Q'$ 与主光轴的交点 $S$、$S'$ 相应地称为物方主点和像方主点。平行于主光轴的投射光线通过物镜折射后与主光轴交于 $F_2$，称 $F_2$ 为像方焦点；若与主光轴斜交于 $F_1$ 的投射光线经物镜折射后与主光轴平行，称 $F_1$ 为物方焦点。过焦点垂直于主光轴的平面称为焦平面。在所有

的投射光线与折射光线中,总能找到一对共轭光线,即其折射光线与投射光线方向一致,该共轭光线与主光轴的交点分别称为前方节点(物方节点)与后方节点(像方节点)。若物方空间与像方空间同介质,则一对节点恰与一对主点重合,则 $S$、$S'$ 既是一对主点,又是一对节点。节点至焦点的距离称为焦距,用 $F$ 表示,$F=F_1S=F_2S'$。因两节点的距离很小,通常把两个节点看作一点,称为物镜中心 $S$。航空摄影机物镜中心至成像面的距离是固定值,称为摄影机主距,通常用 $f$ 表示,它与物镜焦距基本一致,因物镜畸变等原因而仅有少许差异。

通过透镜的光线照射到焦面上的照度是不均匀的,由中心到边缘逐渐降低。光线通过物镜后,焦面上照度不均匀的光亮圆称为镜头的视场。摄影时,影像相当清晰的一部分视场内光亮圆称为像场。由物镜后节点向视场边缘射出的光线所张开的角称为视场角,用 $2\alpha$ 表示,由镜头后节点向场地边缘射出的光线所张开的角称为像角,用 $2\beta$ 表示。像场内,圆内接正方形或矩形称为最大像幅,航摄像片的像幅均为圆内接正方形。为了充分利用像幅,也常用像场外切正方形作为像幅,虽然像幅的四个角落在像场以外,但是四角仅为航摄仪的标志,并不影响影像的质量。物镜的像角及像幅尺寸如图 2-4 所示。

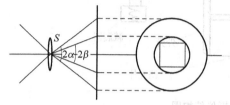

图 2-4    物镜的像角及像幅尺寸

在焦距相同的条件下,像角越大,摄影范围也越大;同样,在像幅尺寸相同条件下,上述结论也成立。按焦距或像场角分类的摄影机见表 2-1。

表 2-1    传统航空摄影机分类

| 摄影机分类 | 焦距/mm | 像场角/(°) |
| --- | --- | --- |
| 短焦距摄影机 | <150 | >100(特宽) |
| 中焦距摄影机 | 150～300 | 70～100(宽角) |
| 长焦距摄影机 | >300 | ≤70(常角) |

另外,镜头的分辨率表示镜头对被摄物体微小细节的分辨能力,分辨率的大小用焦面上 1mm 宽度内能清晰识别相互平行的线条数目来表示,即 $R=$ 条数/mm。

中国航摄仪生产中,使用的胶片型系列航空摄影测量相机主要是由国外引进的,产品类型有 RC 型航摄仪、RMK 型航摄仪,以及 AΦA 型测图航摄仪等。它们的特点是满足精度要求,气象保障条件要求严格,成图获取周期较长。

RC 型航摄仪有 RC10、RC20、RC30 等型号,每种型号配有几种不同焦距的物镜筒(可改变主距),像幅均为 23cm×23cm。RC10 和 RC20 的光学系统基本相同,RC20 具有像移补偿装置。RC 航摄仪在结构上有一个重要特点,即座驾、镜箱和控制器都是基本部件,但是镜箱体不包括摄影物镜,暗匣和物镜筒都是可以替换的,因此 RC 型航摄仪的暗匣对每一种型号而言都是通用的。新一代的 RC30 航摄仪系统由 RC30 航摄仪、陀螺稳定平台和飞行管理系统组成,具有像移补偿装置和自动曝光控制设备,并具有导航 GPS 数据接口,可进行 GPS 辅助的航空摄影,因此其航摄性能远远高于 RC10 和 RC20,具体结构如图 2-5 所示。

RMK 型航摄仪有 5 个不同焦距的摄影物镜,像幅均为 23cm×23cm。RMK 型航摄仪的摄影物镜固定在镜箱体上,而压平板设置在暗匣上,因此要进行像移补偿航空摄影时,必须具有特殊的 RMK-CC24 像移补偿暗匣装置。常用的 RMK-TOP 型航摄仪是在 RMK 基础上改进成具有陀螺稳定装置的航摄仪,该航摄仪具有高质量的物镜和内置滤光镜,像位补偿装置及陀螺稳定平台可以对图像质量进行补偿,自动曝光装置采用图像质量优先,并提供 GPS 航摄仪导航系统,如图 2-6 所示。RC30 和 RMK-TOP 是目前航摄主要使用的光学航摄仪。

图 2-5　RC30 型光学航摄仪

相机中央控制单元

RMK-TOP相机机身

AS陀螺稳定平台

图 2-6　RMK-TOP 型航摄仪

航摄仪的辅助设备是航摄仪重要组成部分,可以提高航摄的精度,减少航摄误差。航摄仪的辅助设备主要包括航摄滤光片、影像位移补偿装置、航摄仪自动曝光系统等。

1）航摄滤光片

为了尽可能消除空中雾霾的影响,提高航空景物的反差,航空摄影时一般都需要附加滤光片。航摄滤光片除了具有消除或减弱某一波谱带的作用外,还具有对焦平面上的照度分布不均匀进行补偿的作用。

2）影像位移补偿装置

航空摄影测量时,由于飞机的飞行速度很快,在航摄仪成像面上的地物构象将沿着航线方向产生移动,从而导致影像迷糊。为了补偿影像位移的影响,在测图航摄仪中需要增加像移补偿装置。

3）航摄仪自动曝光系统

为了获得满意的影像质量,航空摄影必须正确测定曝光时间。现代航摄仪都装备有自动测光系统,通过安装在摄影机物镜旁的光敏探测元件测定景物的亮度,并根据安置的航摄胶片感光度,自动调整光圈或曝光时间。

## 2. 数字航摄仪

随着计算机和 CCD 技术的发展,国际上出现了直接获取数字影像的测量型数字航摄仪（如 DMC、UltraCAM、ADS40/ADS80 等）,可同时获取黑白、天然彩色及彩红外数字影像,具有无需胶片、免冲洗、免扫描等特点,减少了传统光学航摄获取影像的多个环节。采用数字航摄仪获取航空影像信息已经迅速成为摄影测量主要的信息获取手段。

CCD 是英文 charge coupled device 的缩写,意为电荷耦合器件。在数字航摄仪中,CCD 传感器的作用相当于航空胶片,它能记录光线的变化,即负责感受镜头捕捉的光线以形成数字图像。与传统胶片相比,CCD更接近于人眼视觉的工作方式。其感光的过程就是光子冲击感光元件产生信号电荷,并通过CCD上MOS电容进行电荷存储、传输的过程。因为数字影像像素的亮度值是由单个感光元件接收到的光照曝光量决定的,曝光量越大,亮度值也就越大。CCD传感器对曝光量的响应是线性的,即CCD产生的数字图像的亮度值和曝光量在任意区间都是成正比的。而胶片的宽容度没有CCD传感器大,由胶片结构决定的灰雾是去除不掉的。在同样的曝光量区间里,胶片的感光特性曲线则是非线性的,因此CCD传感器获得的数字影像可以更真实、准确地反映出图像的亮度信息。图2-7(a)是以12.5μm精度扫描的胶片影像,图(b)为直接用数字航摄仪摄取的数字影像,显然扫描影像的成像质量比不上数字航摄仪拍摄的数字影像。

(a)　　　　　　　　(b)

**图2-7　扫描影像与直接摄取的数字影像比较**

数字航摄仪可分为框幅式(面阵CCD)和推扫式(线阵CCD)两种。现有的框幅式数字航摄仪主要有DMC、UltraCam-D和SWDC系列航摄仪,推扫式数字航摄仪主要有ADS系列航摄仪。

1) DMC数字航摄仪

DMC数字航摄仪是德国Z/I IMAGING公司研制开发的,基于面阵CCD技术,将最新的传感器技术与最新的摄影测量与遥感影像处理技术相融合,由多个光学机械部分组装成的高精度、高性能的测量型数字航摄仪,如图2-8所示。

4个多光谱镜头　　　视频探头

4个全色镜头

**图2-8　DMC数字航摄仪及其镜头组**

由于受到目前大面阵CCD尺寸的限制,数字航摄仪不可能采用一块足够大的(相当于传统胶片大小)面阵CCD放在镜头的焦平面上。考虑到飞行效率,需要一次飞行获取的地面范围与传统航摄相当,这样大范围地面覆盖需求与面阵 CCD 尺寸的限制形成矛盾。DMC 相机通过多镜头并行操作的办法解决了这个矛盾。DMC 镜头系统是由 Carl Zeiss 公司特别设计和生产的,由 8 个镜头组合而成(图 2-8),其中 4 个全色镜头,4 个多光谱镜头(红、绿、蓝以及近红外),每个单独镜头配有大面阵的 CCD 传感器。4 个全色镜头的 CCD 传感器为 $7k \times 4k$,4 个多光谱镜头的 CCD 传感器为 $3k \times 2k$。在航摄飞行中,DMC 数字航摄仪 8 个镜头同步曝光(间隔小于 $9 \sim 10s$),4 个全色镜头分别获得 $7k \times 4k$ 的数字影像,4 个多光谱镜头分别获得 $3k \times 2k$ 的数字影像。在镜头的设计和安装过程中,将 4 个 $7k \times 4k$ 的全色镜头固定在相机的内侧,并实现 4 个全色镜头航摄飞行获得的数字影像有部分重叠。通过镜头的几何检校、影像匹配、相机自检校和光束法空中三角技术等将 4 个全色镜头获得的 4 个中心投影的影像拼合成一幅具有虚拟投影中心、固定虚拟焦距(120mm)的虚拟中心投影“合成”影像,影像的分辨率为 $7680 \times 13824$ 像素。同样 4 个多光谱镜头获得的影像范围能覆盖 4 个全色镜头所获得影像范围。通过影像匹配和融合技术,可将 4 个多光谱镜头获得的影像与全色的“合成”影像进行融合,进而获得高分辨率的天然彩色影像数据或彩红外影像数据(分辨率为 $7680 \times 13824$ 像素)。DMC 数字航摄仪通过全色影像的镶嵌,全色与多光谱影像的融合来实现多波段对地的大面积覆盖。因此,DMC 数字航摄仪一次飞行可同步获取黑白、真彩色和彩红外像片数据。

根据国外测试的统计,DMC 数字航摄仪能达到典型的测量精度在 $2\mu m$ 左右,Z 方向的测量精度约在 $0.08\permil$ 航高,即飞行高度为 1500m 时,精度为 0.12m。XY 方向的测量精度为 $4 \sim 5\mu m$,即如果地面分辨率为 0.15m 时,平面测量精度为 $6 \sim 8cm$。

　　2) UltraCam-D 数字航摄仪

UltraCam-D(简称 UCD)数字航摄仪由奥地利 Vexcel 公司开发生产,于 2003 年 5 月在美国摄影测量与遥感大会上推出,也是属于多镜头组成的框幅式数字航摄仪,一次摄影可同时获取黑白、彩色和彩红外影像,具体结构如图 2-9 所示。

**图 2-9　UCD 数字航摄仪及工作系统**

　　UCD 数字航摄仪系统主要由传感器单元(SU)、存储计算单元(SCU)、移动存储单元(MSU)以及空中操作控制平台和地面后处理系统软件包等部分构成。与 DMC 数字航摄仪一样,UCD 数字航摄仪也采用了由 8 个小型镜头组成的镜头组,其中 4 个全色波段镜头沿飞行方向等间距顺序排列,另外 4 个多光谱镜头对称排列在全色镜头的两侧,UCD 系统共有 13 块大小为 $4008 \times 2672$ 像素的 CCD 面阵传感器承担感光和采集影像数据的责任,其中 9 个为全色波段,面阵之间存在一定程度的重叠(航向为 258 像素,旁向为 262 像素),另外 4 个为 R、G、B 和近红外波段。9 个 CCD 获取的影像数据通过重叠部分影像精确配准,消除曝光时间误差造成的影响,生成一个完整的 11500×7500 像素的中心投影影像。全色影像通过与同步获取的 RGB 和彩红外影像融合、配准等处理,生成高分辨率的真彩色和彩红外影像产品。2006 年底 Vexcel 公司在已经取得惊人成功的 UltraCAM-D(UCD)相机基础上,推出了又一力作 UltraCAM-X(UCX)大幅片数码相机。

3) ADS100 数字航摄仪

德国徕卡(Leica)公司于 2001 年率先推出了第一台大型推扫式航空摄影测量系统 ADS40(airborne digital sensor),可三线阵立体成像进行立体测图,是非常典型的三线阵航空数码相机。ADS 系列航摄仪相机上集成了 GPS 和惯性测量装置(IMU),可以在无地面控制的情况下完成对地面目标的三维定位,此外 ADS 的成像方式不同于传统航摄仪,它得到的是多中心投影影像,每个扫描线对应单独的投影中心,拍摄到的是一整条带状无缝隙的影像,同一航线的影像不存在拼接问题。

2013 年 Leica 推出性能独特的 ADS100 航摄仪,共有 13 条 CCD 扫描线,每个波段扫描线宽度为 20000 像素,三个扫描视角(前视、底视、后视),三个角度 100% 重叠的连续条带影像,其彩色影像可分别构成"前视—底视、前视—后视、后视—底视"等三重立体,若采用多重立体匹配技术,可有效剔除粗差,提高匹配精度。ADS100 的像素大小为 5μm,具有最高的数据获取效率,支持选择 TDI 延时参数的像移补偿以提高灵敏度。扫描周期提高,能够以更快的飞行速度获取更高地面分辨率的影像。ADS100 硬件系统由 SH100 镜头、CC33 控制器(质量减轻 80%,只有 6.5kg)、MM30 存储器(容量为 2.4TB,提高 40%)、PAV100 陀螺仪稳定平台、IPAS20-CUS6 IMU 镜头内集成、OC50 飞行员导航仪、OC60 操作平台等组成,如图 2-10 所示。

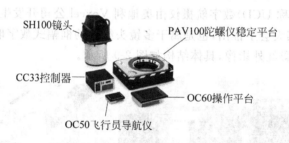

**图 2-10 ADS100 航摄仪及其工作系统**

4) SWDC 数字航摄仪

SWDC(si wei digital camera)数字航摄仪是我国自主知识产权的科研产品。它是在国家测绘局、科技部中小企业创新基金的扶持下,中国测绘科学研究院、北京四维远见信息技术有限公司等单位的共同努力下,经过五年的研究试验,研制出的国产实用数字航摄仪。SWDC 数字航摄仪作为航空遥感的重要技术手段,填补了国内空白。SWDC 主体由四个高档民用相机(单机像素数为 3900 万,像元大小为 6.8μm)经精密检校和外视场拼接而成,系统中集成了测量型 GPS 接收机、数字罗盘、航空摄影控制系统、地面后处理系统(图 2-11)。SWDC 经多相机高精度拼接生成虚拟影像(像幅为 14000×10000 像素),提供数字摄影测量数据源,是一种能够满足航空摄影规范要求的大面阵数字航空摄影仪。

SWDC 系列数字航摄仪具有高分辨率、高几何精度、体积小、质量轻等特点,并且对天气条件要求不高,能够阴天云下摄影,具有飞行高度低、镜头视场角度大、基高比大、高程测量精度高、真彩色、镜头可更换等优势。SWDC 数字航摄仪在与进口航摄仪比较时,其短焦距镜头特点可以保证在同样航高情况下进行中小比例尺作业时获取到更大数值的 GSD(像元地面分辨率),提高航摄效率的同时更有利于获取到可飞的航摄天气;可更换拍摄方式的特点,保证了在大比例尺作业时达到合格的高程精度;内置稳定平台也为用户节约了设备成本的支出。

**图 2-11　SWDC 数字航摄仪**

## 2.1.2　遥感影像获取

遥感是指非接触的、远距离的探测技术。一般指运用传感器/遥感器对物体电磁波的辐射、反射特性的探测。凡是只记录各种地物电磁波大小的胶片(或像片),都称为遥感影像(remote sensing image,RSI),在遥感中主要是指航空像片和卫星像片。遥感卫星常用的传感器有:航空摄影机(航摄仪)、全景摄影机、多光谱摄影机、多光谱扫描仪(multi spectral scanner,MSS)、专题制图仪(thematic mapper,TM)、高分辨率可见光遥感器(high resolution visible sensor,HRVS)、合成孔径侧视雷达(side-looking airborne radar,SLAR)等。常用的遥感数据有:美国陆地卫星(Landsat)TM 和 MSS 遥感数据,法国 SPOT 卫星遥感数据。而常用于摄影测量的高分辨率卫星有:美国 IKONOS 卫星、美国快鸟(QuickBird)卫星、美国 GeoEye 卫星、美国 WorldView 卫星等。

### 1. 美国陆地卫星

第一颗陆地卫星是美国于 1972 年 7 月 23 日发射的,是世界上第一次发射的真正的地球观测卫星,原名叫作地球资源技术卫星(earth reasource technology satellite,ERTS),1975 年更名为陆地卫星。由于它出色的观测能力推动了卫星遥感的飞跃发展,迄今 Landsat 已经发射了 8 颗(第 6 颗发射失败)。目前 Landsat 1～4 均相继失效,Landsat 5 仍在超期运行(从 1984 年 3 月 1 日发射至今)。Landsat 7 于 1999 年 4 月 15 日发射升空。Landsat 8 于 2013 年 2 月 11 日发射升空,经过 100 天测试运行后开始获取影像。

陆地卫星的轨道设计为与太阳同步的近极地圆形轨道,以确保北半球中纬度地区获得中等太阳高度角(25°～30°)的上午成像,而且卫星以同一地方时、同一方向通过同一地点,保证遥感观测条件的基本一致,利于图像的对比。如 Landsat 4、5 轨道高度 705km,轨道倾角 98.2°,卫星由北向南运行,地球自西向东旋转,卫星每天绕地球 14.5 圈,每圈在赤道西移 159km,每 16 天重复覆盖一次,穿过赤道的地方时为 9 点 45 分,覆盖地球范围 N81°—S81.5°。

Landsat 4、Landsat 5 除了带有多波段扫描仪 MSS 外,还带有一台专题成像仪 TM

(thematic mapper),它可在包括可见光、近红外和热红外在内的7个波段工作,MSS 的分辨率为80m,TM 的分辨率除6波段(热红外)为120m 以外,其他都是30m。MSS、TM 的数据是以景为单元构成的,每景约相当于地面上 185km×170km 的面积,各景的位置根据卫星轨道所确定的轨道号和由中心纬度所确定的行号进行确定。Landsat 的数据通常用计算机兼容磁带(CCT)提供给用户。Landsat 的数据主要应用于陆地的资源探测、环境监测。

1999年4月15日美国航空航天局发射了 Landsat 7卫星,以保持地球图像、全球变化的长期连续监测。传感器是增强型专题绘图仪(earth thematic mapper,ETM+),卫星上设绝对定标,提高了对地观测分辨率和定位质量,调整了辐射测量精度、范围和灵敏度,通过增益减少了强反射体造成的高亮度饱和效应。该设备增加了一个15m分辨率的全色波段,热红外通道的空间分辨率也提高了1倍,达到了60m,每一景覆盖面积为 185km×170km,赤道上相邻两景图像旁向重叠率7.3%,轨道方向重叠率为5%,band 6分别具有高、低增益两种图像数据,band 1~band 5、band 7增益随季节变化可调整。

2013年2月11号,美国国家航空航天局(NASA)成功发射了 Landsat 8卫星(图 2-12),为走过了40年辉煌岁月的 Landsat 计划重新注入新鲜血液。Landsat 8 上携带有两个主要荷载:陆地成像仪和热红外传感器。其中陆地成像仪(operational land imager,OLI)由卡罗拉多州的鲍尔航天技术公司研制;热红外传感器(thermal infrared sensor,TIRS)由 NASA的戈达德太空飞行中心研制,设计使用寿命为至少5年。陆地成像仪包括9个波段,空间分辨率为30m,其中包括一个15m的全色波段,成像宽幅为 185km×185km。OLI 包括了ETM+传感器所有的波段,为了避免大气吸收特征,OLI 对波段进行了重新调整,比较大的调整是 OLI band 5(0.845~0.885μm),排除了 0.825μm 处水汽吸收特征。OLI 全色波段band 8波段范围较窄,这种方式可以在全色图像上更好区分植被和无植被特征。此外还有两个新增的波段:蓝色波段(band 1,0.433~0.453μm)主要应用于海岸带观测;短波红外波段(band 9,1.360~1.390μm)包括水汽强吸收特征,可用于云检测;近红外 band 5 和短波红外 band 9 与 MODIS 对应的波段接近。

图 2-12 Landsat 8 卫星

## 2. 法国 SPOT 卫星

SPOT 系列卫星是法国空间研究中心(CNES)研制的一种地球观测卫星系统,SPOT 卫星采用高度为830km、轨道倾角为98.7°的太阳同步准回归轨道,通过赤道时刻为地方时上午10:30,回归天数(重复周期)为26d。由于采用倾斜观测,所以实际上可以对同一地区用4~5d 的时间进行观测。如图 2-13 所示的是法国 SPOT 卫星的外观图。

**图 2-13　法国 SPOT 卫星**

至今已发射 SPOT 1～6 卫星,SPOT 1 卫星于 1986 年 2 月发射成功,1990 年 2 月发射了 SPOT 2 卫星,SPOT 3 卫星发射于 1994 年。SPOT 1～3 卫星上搭载的传感器 HRV 采用 CCD 作为探测元件来获取地面目标物体的图像。HRV 具有多光谱 XS 和 PA 两种模式,其余全色波段具有 10m 的空间分辨率,多光谱具有 20m 的空间分辨率。

SPOT 4 卫星于 1998 年 3 月发射,属于第二代卫星。SPOT 4 卫星增加了一个短波红外波段(158～1.75pm),把原 0.61～0.68μm 的红外波段改为 0.49～0.73μm 包含"红"的波段,并替代原全色波段,可以产生分辨率 10m 的全色波段和分辨率 20m 的多光谱数据。SPOT 4 卫星上也增加了一个多角度遥感仪器,即宽视域植被探测仪(VGT),用于全球和区域两个层次上,对自然植被和农作物进行连续监测,对大范围的环境变化、气象、海洋等应用研究很有意义。

SPOT 5 卫星于 2002 年 5 月 4 日发射,星上载有 2 台高分辨率几何成像装置(HRG),1 台高分辨率立体成像装置(HRS),1 台宽视域植被探测仪(VGT)等,空间分辨率最高可达 2.5m,前后模式实时获得立体像对,运营性能有很大改善,在数据压缩、存储和传输等方面也均有显著提高。

2012 年 9 月 9 日 SPOT 6 卫星由印度火箭 PSLV-C21 搭载,成功发射。9 月 22 日,SPOT 6 卫星顺利进入 695km 高的轨道,全色空间分辨率为 1.5m,多光谱空间分辨率为 6m,幅宽为 60km×60km,它保留了 SPOT 5 卫星的标志性优势,卫星星座每日可接收 600 万 km² 影像,制定编程计划过程中集成了自动天气预报,最大化提高了接收成功率。

2014 年 6 月 30 日 SPOT 7 卫星由极地卫星运载火箭(PSLV)在印度萨迪什达万航天中心发射成功,加入它的双子星 SPOT 6 卫星所在的轨道,并与 SPOT 6 卫星保持 180°的相对位置,这意味着地球上任一地点每日都可获得 1.5m 高分辨率 SPOT 卫星影像,与 SPOT 6 卫星一样,SPOT 7 卫星在观测时具有 60km 的大幅宽。因此,这两颗卫星在轨时每天获取影像的能力将达到 600 万 km²,相当于法国国土面积的 10 倍。

### 3. 美国快鸟卫星

2001 年 10 月 18 日,美国数字全球(Digital Globe)公司在范登堡空军基地成功发射了商用高分辨率快鸟卫星,轨道高度 450km,为太阳同步卫星,平均 1～3.5d 即可拍摄同一地点的影像。空间分辨率首次突破米级单位,全色分辨率为0.61m,多光谱分辨率为2.44m,最大成图比例尺可达1∶1500～1∶2000,多光谱有蓝(450～520nm)、绿(520～600nm)、红(630～690nm)、近红外(760～900nm)四个波段,图像幅宽16.5km。在没有地面控制点的情况下,地面定位圆误差精度可达23m,采用11bit/s数据格式,增加了灰度级数,减少了阴影部分信息的损失。因此,快鸟数据是使用高分辨率影像数据用户的最佳选择。这标志着卫星遥感进入了一个新的阶段,其应用的广度和深度将被大大扩展,应用的精度也被大大提高。图2-14展示了快鸟卫星及快鸟卫星获取的高清影像。

**图 2-14  快鸟卫星及其拍摄的影像**

快鸟卫星是一星多传感器,有分辨率为0.61～0.72m的全色波段和分辨率为2.44～2.88m的4个波段的光谱数据,具体波段见表2-2。这些出自不同传感器的快鸟卫星数据既有互补性,又存在极大的相关性,因此,通过实施合适的图像处理方案,可以从中提炼更有用、更精简、更高质量的信息,进一步增强对目标物的检测与识别能力,提高卫星遥感应用的精度和效率。

**表 2-2  快鸟卫星传感器波段**

| 通道 | 波长范围/nm | 地面分辨率(星下点) |
|---|---|---|
| 1 | 蓝:450～520 | 全色:0.61m |
| 2 | 绿:520～600 | |
| 3 | 红:630～690 | 多光谱:2.44m |
| 4 | 近红外:760～900 | 全色:61～72cm |
| | | 多光谱:244～288cm |

### 4. 美国 GeoEye 卫星

2008年9月6日,地球之眼(GeoEye)公司从美国加州范登堡空军基地发射了GeoEye-1卫星。GeoEye-1卫星是太阳同步轨道卫星,轨道高度684km,运行周期98min,影像的幅宽达到15.2km。该卫星携带高分辨率的CCD相机,获取的影像空间分辨率在全色波段高达0.41m,多光谱波段1.64m,最大成图比例可达1∶2000。以这个分辨率,人们能够识别出位于棒球场里放着的一个盘子或者数出城市街道内的下水道出入孔的个数。

GeoEye-1卫星以全色模式工作时每天能够拍摄总面积达$7 \times 10^5 km^2$的图像(数据量达数十亿字节),以多谱段模式工作时每天将能够拍摄总面积$3.5 \times 10^5 km^2$的图像,重访周期小于1.5d。该卫星的影像采集速度提高了25%,因此相比QuickBird与IKONOS,

GeoEye-1 影像数据量大幅增加,并可同时获取与单片影像对应的立体像相。GeoEye-1 卫星影像具有更高的内在精度,在仅利用卫星系统参数而无需地面控制点情况下,GeoEye-1 卫星单张影像能够提供 3m(CE90)的平面定位精度,立体影像能够提供 4m(CE90)的平面定位精度和 6m(LE90)的高程定位精度。

GeoEye 公司的图像产品应用范围十分广泛,如国防和情报界大面积制图,国家和地方政府城市规划与制图,以及保险和风险管理、环境监测和灾害救助等。用户可以选择订购基本图像、地理(GEO)图像、正射图像和立体图像,以及由图像派生的产品,包括数字高程模型(DEM)、数字地面模型(DTM)、大面积镶嵌图和特征地图等。GeoEye 公司向 Google Earth 提供 0.5m 分辨率(美国政府政策限定商业卫星影像分辨率不能超过 0.5m)的卫星影像,使 Google Earth 上的影像清晰度和分辨能力有明显的提高。

### 5. 美国 WorldView 卫星

WorldView 卫星是数字地球(DigitalGlobe)公司的新一代商业成像卫星系统。它由三颗(WorldView-Ⅰ、WorldView-Ⅱ和 WorldView-Ⅲ)卫星组成,其中 WorldView-Ⅰ卫星已于 2007 年 9 月 18 日发射,WorldView-Ⅱ卫星在 2009 年 10 月 9 日发射升空,而 WorldView-Ⅲ卫星于 2014 年 8 月 13 日发射成功。

WorldView-Ⅰ卫星发射后很长一段时间内被认为是全球分辨率最高、响应最敏捷的商业成像卫星。该卫星将运行在高度 450km、倾角 980°、周期 93.4min 的太阳同步轨道上,在 1m 分辨率情况下,平均重访周期为 1.7d,在 0.51m 分辨率下,平均重访周期为 5.9d,星载大容量全色成像系统每天能够拍摄多达 50 万 km² 的 0.5m 分辨率图像。WorldView-Ⅰ卫星继承了 QuickBird 卫星大幅宽的优点,标称最大侧摆角为 ±40°,垂直摄影时,幅宽为 18.7km。WorldView-Ⅰ卫星具备更高的地理定位精度,在无控制点时,平面定位精度为 5.8~7.6m(CE90),在存在地面控制点的情况下,平面定位精度可达到 2m(CE90)。WorldView-Ⅰ卫星还将具备现代化的地理定位精度能力和极佳的响应能力,能够快速瞄准要拍摄的目标和有效进行同轨立体成像。

WorldView-Ⅱ卫星运行在 770km 高的太阳同步轨道上,能够提供 0.5m 全色图像和 1.8m 分辨率的多光谱图像。该卫星使 DigitalGlobe 公司能够为世界各地的商业用户提供满足需要的高性能图像产品。星载多光谱遥感器不仅将具有 4 个业内标准谱段(红、绿、蓝、近红外),还包括 4 个额外谱段(海岸、黄、红边和近红外 2)。多样性的谱段将为用户提供精确变化检测和制图的能力,由于 WorldView 卫星对指令的响应速度更快,因此图像的周转时间(从下达成像指令到接收到图像所需的时间)仅为几个小时而不是几天。

WorldView-Ⅲ卫星为美国 DigitalGlobe 公司拥有的第四代高解析度光学卫星,是第一颗多负载、超高光谱、高分辨率的商业卫星。WorldView-Ⅲ卫星在 617km 的高度上运行,提供 31cm 全色分辨率、1.24m 多光谱分辨率和 3.7m 红外短波分辨率,是目前市面上解析度最高的商业光学卫星。WorldView-Ⅲ卫星除了继承 WorldView-Ⅱ卫星的高光学解析度与高几何精度之外,还能于更短的时间内获取高质量影像,也让拍摄面积更为广泛,每天能采集影像的范围多达 68 万 km²,平均回访时间不到 1d。其拍摄影像除延续 WorldView-Ⅱ卫星提供的 8 波段光谱资讯外,还新增了额外的 20 个特殊波段,包括 8 个短波,长红外光波段,更有利于特殊地物的分类与侦测。此外,还提供了 12 个分布于可见光至不可见光的

CAVIS-ACI 波段,有利于云雾侦测、影像修复及求得更正确的地物反射率,得到更加美观的影像。图 2-15 所示的是 WorldView-Ⅲ 卫星及拍摄的影像。

图 2-15　WorldView-Ⅲ 卫星及其拍摄的影像

### 6. 我国高分系列卫星

我国近几年发射的高分系列卫星源于 2006 年开始的高分专项。高分专项是一个非常庞大的遥感技术项目,包含至少 7 颗卫星和其他观测平台,分别编号为"高分一号(GF-1)"到"高分七号(GF-7)",覆盖了全色、多光谱到高光谱,从光学到雷达,从太阳同步轨道到地球同步轨道等多种类型,构成了一个具有高空间分辨率、高时间分辨率和高光谱分辨率能力的对地观测系统。

目前我国的高分系列卫星已经发射了 4 颗,分别是 2013 年发射的高分一号,2014 年发射的高分二号,2016 年发射的高分三号和高分四号。高分一号(GF-1)于 2013 年 4 月 26 日由长征二号丁运载火箭在酒泉卫星发射基地成功发射入轨,采用太阳同步轨道,整星立足于 CAST2000 小卫星平台进行改进升级,搭载了 2 台 2m 分辨率全色/8m 分辨率多光谱相机,4 台 16m 分辨率多光谱相机,设计寿命 5～8 年,具备 8 轨/d 成像、侧摆 35°成像能力,最长成像时间 12min。高分二号卫星(GF-2)是我国自主研制的首颗空间分辨率优于 1m 的民用光学遥感卫星,于 2014 年 8 月 19 日成功发射,搭载有 2 台高分辨率 1m 全色、4m 多光谱相机,星下点空间分辨率可达 0.8m,具有亚米级空间分辨率、高定位精度和快速姿态机动能力等特点,是我国目前分辨率最高的民用陆地观测卫星。高分三号卫星(GF-3)于 2016 年 8 月 10 日 6 时 55 分在太原卫星发射中心成功发射,是我国首颗分辨率达到 1m 的 C 频段多极化合成孔径雷达(SAR)成像卫星,总质量约 2.8t,装载 1 台大型的 C 频段合成孔径雷达(SAR),运行于平均轨道高度为 755km 的太阳同步轨道,是世界上成像模式最多的合成孔径雷达(SAR)卫星,具有 12 种成像模式。高分四号卫星(GF-4)于 2016 年 6 月 13 日发射成功,是中国第一颗地球同步轨道遥感卫星(距地面约 36000km),采用面阵凝视方式成像,具备可见光、多光谱和红外成像能力,可见光和多光谱分辨率优于 50m,红外谱段分辨率优于 400m,设计寿命 8 年,通过指向控制,实现对中国及周边地区的观测。图 2-16 为高分二号卫星及卫星传回的高分辨率影像。

除了以上已经发射的 4 颗卫星,还有 3 颗卫星——高分五号卫星、高分六号卫星和高分七号卫星计划在不久的将来发射。高分五号卫星设计装有高光谱相机,而且拥有多部大气

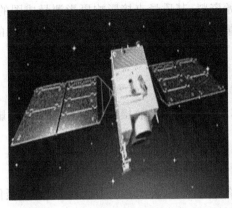

图 2-16　高分二号卫星及其拍摄的影像

环境和成分探测设备；高分六号卫星的设计荷载性能与高分一号卫星相似；高分七号卫星则属于高分辨率空间立体测绘卫星。

## 2.2　摄影的基本要求

空中摄影过程，实质上是将地球表面上的地物、地貌等信息，穿过大气层，进入摄影机物镜，到达航摄胶片上形成影像的传输过程。航摄影像不仅详细记录了地物、地貌特征以及地物之间的相互关系，而且记录摄影机装载各种仪表在摄影瞬间的各种信息。这些信息及起始数据都能从影像中提取，是航空摄影成图或建立影像数据库最重要的原始资料之一。

航空摄影前要做出计划，航摄计划中技术部分包括的内容主要有：确定测区范围；根据测区的地形条件、成图比例尺等因素选用摄影机；确定摄影比例尺及航高；需用像片的数量、日期及航摄成果的验收等。

在做好地面准备工作之后，选择晴朗无云的天气，利用带有航摄仪的飞机或其他空载工具（如无人机）对地面进行摄影。飞机进入航摄区域后，按设计的航高、航向呈直线飞行并保持各航线间的相互平行，一条航线接一条航线、一片接一片顺次进行摄影，如图 2-17 所示。摄影的曝光过程是飞机在飞行中瞬间完成的，在这一曝光时刻，摄影机物镜所在的空间位置称为摄站点，航线方向相邻两摄站点间的空间距离称为摄影基线，通常用 $B$ 表示。飞机边飞行边摄影，直至拍摄完整个测区。如果测区面积较大或测区地形复杂，可将测区分为若干分区，分区摄影。

飞行完毕后，若使用框幅式胶片摄影机，将感光的底片进行摄影处理，得到航摄底片，称为负片。利用负片在相纸上接触晒印，得到正片。最后，对像片的色调、重叠度、航线弯曲等项进行检查验收与评定，不符合要求时要重摄或补摄。

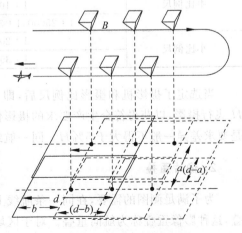

图 2-17　航空摄影略图

航空摄影的成果是摄影测量的原始资料,其质量直接影响摄影测量成图的精度和效率。因此摄影测量对空中摄影提出一些质量要求和误差控制,要求保证航摄像片的精度和飞机飞行的质量,其具体要求如下。

### 1. 摄影比例尺与摄影航高

摄影比例尺又称为像片比例尺,其严格定义为:航摄像片上一线段 $l$ 的影像与地面上相应线段的水平距离 $L$ 之比,即:

$$\frac{1}{m} = \frac{l}{L} \tag{2-1}$$

由于航空摄影时航摄像片不能严格保持水平,再加上地形起伏,所以航摄像片上的影像比例尺处处不相等。我们所说的摄影比例尺,是指平均的比例尺,当取摄区内的平均高程面作为摄影基准面时,摄影机的物镜中心至该面的距离称为航高,一般用 $H$ 表示,摄影比例尺表示为

$$\frac{1}{m} = \frac{f}{H} \tag{2-2}$$

式中,$f$ 为摄影机主距(焦距)。摄影瞬间摄影机物镜中心相对于平均海水面的航高称为绝对航高,而相对航高是指摄影机物镜中心相对于某一基准面的高度,相对航高所选用的基准面是指被摄区域内地面平均高程基准面。摄影航高一般是指相对航高。

摄影比例尺越大,像片地面分辨率越高,有利于影像的解译与提高成图精度,但摄影比例尺过大,将增加工作量及费用,所以摄影比例尺要根据测绘地形图的精度要求与获取地面信息的需要来确定。表 2-3 给出了摄影比例尺与成图比例尺的关系,具体要求按测图规范执行。

表 2-3  摄影比例尺和成图比例尺对照表

| 比例尺类别 | 摄影比例尺 | 成图比例尺 |
| --- | --- | --- |
| 大比例尺 | 1:2000,1:3000 | 1:500 |
| | 1:4000,1:6000 | 1:1000 |
| | 1:8000,1:12000 | 1:2000 |
| 中比例尺 | 1:15000,1:20000(像幅 23m×23m) | 1:5000 |
| | 1:10000,1:25000 | 1:10000 |
| | 1:25000,1:35000(像幅 23m×23m) | |
| 小比例尺 | 1:20000,1:30000 | 1:25000 |
| | 1:35000,1:55000 | 1:50000 |

当选定了摄影机和摄影比例尺后,即 $f$ 和 $m$ 为已知,航空摄影时就要求按计算的航高 $H$ 飞行摄影,以获得符合生产要求的摄影像片。当然,飞机在飞行中很难精确确定航高,但是要求差异一般不得大于 $5\%H$。同一航线内,各摄影站的高差不得大于 50m。

### 2. 像片重叠

为了满足测图的需要,在同一条航线上,相邻两像片对所摄区域应有一定范围的影像重叠,这种影像重叠称为航向重叠。对于区域摄影(多条航线),要求两相邻航带像片之间也需要有一定的影像重叠,这种影像重叠称为旁向重叠。像片重叠包括航向重叠和旁向重叠。

像片重叠的大小是以航摄像片上像幅边长的百分数表示的,即重叠度。航向重叠度一般要求为 $p\%=60\%\sim65\%$,最小不得小于 53%;旁向重叠度要求为 $q\%=30\%\sim40\%$,最小不得小于 15%,如图 2-18 所示。

　　航向、旁向重叠度小于最低要求时,称航摄漏洞,需要在航测外业做补救。当摄区地面起伏较大时,还要增大重叠度,才能保证像片立体量测与拼接。航向重叠和旁向重叠在摄影测量中具有重要的意义,是摄影测量立体测图的基础。

　　应当指出,随着航空数码相机的应用,已有航向重叠度大于 80%、旁向重叠度在 40%～60%的大重叠度航空摄影测量出现;利用三线阵传感器摄影,还可具有 100%的重叠度。

### 3.像片倾角

　　以测绘为目的的空中摄影多采用竖直摄影方式,即要求航摄仪在曝光的瞬间摄影机物镜主光轴垂直于地面。实际上由于飞机的稳定性和摄影操作技能限制,摄影机主光轴在曝光时总会有微小的倾斜。在摄影瞬间摄影机轴发生了倾斜,摄影机轴与铅直方向的夹角 $\alpha$ 称为像片的倾角,如图 2-19 所示,当 $\alpha=0$ 时为垂直摄影,是最理想的情形。但飞机受气流的影响,航机不可能完全置平,一般要求倾角 $\alpha$ 不大于 $2°$,最大不超过 $3°$。

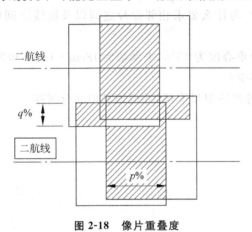

图 2-18　像片重叠度

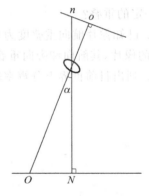

图 2-19　像片倾角

### 4.航线弯曲

　　受技术和自然条件限制,飞机往往不能按预定航线飞行而产生航线弯曲,航线弯曲过大会造成漏摄或旁向重叠过小从而影响内业成图。一般要求航摄最大偏距 $\delta$(图 2-20)与全航线长 $L$ 之比不大于 3%。图 2-20 中的 $O_1,O_2,\cdots,O_i$ 表示航向上各像片的像主点。

### 5.像片旋角

　　相邻像片的主点连线与像幅沿航线方向两框标连线间的夹角称像片旋角,如图 2-21 所示。像片旋角一般以 $\kappa$ 表示,它是由于空中摄影时,摄影机定向不准产生的,若摄影机定向准确,所摄的像片镶嵌以后排列整齐,就不存在像片旋角。从图 2-21 中可以看出,像片旋角影响像片的重叠度,此外还会给航测内业增加困难。因此,一般要求 $\kappa$ 角不超过 $6°$,最大不超过 $8°$。

图 2-20　航线弯曲度　　　　　图 2-21　像片旋角

## 习题

1. 航摄影像的获取有哪些主要的方式和方法？
2. 什么是光学摄像机物镜的主点、焦点和节点？
3. 摄影物镜的焦距与摄影机主距有什么不同？
4. 摄影测量对航摄像片有哪些基本要求？
5. 什么是像片航向重叠和旁向重叠？为什么要求相邻像片之间以及航线之间的像片要有一定的重叠？
6. 已知像片航向重叠度为 65%，旁向重叠度为 35%，求像幅为 18cm×18cm 和 23cm×23cm 的像片，其航向和旁向重叠度各为多少？
7. 列出目前世界上分辨率较高的三种遥感卫星影像，并说明其最高分辨率。

# 第 3 章

# 单张像片的解析基础

航摄像片是航空摄影测量的原始资料,与传统的地图不同,航摄像片是所摄物体在像面上的中心投影。单张像片的解析就是用数学分析的方法,研究被摄景物在航摄像片上的成像规律,像片上影像与所摄物体之间的数学关系,从而建立像点与物点的坐标关系。单张像片的解析是摄影测量的理论基础。

## 3.1 中心投影

### 3.1.1 中心投影与正射投影

#### 1. 基本概念

用一组假想的直线将物体向几何面投射称为投影。其投影线称为投影射线;投影的几何面通常取平面,称为投影平面;在投影平面上得到的图形称为该物体在投影平面上的投影。投影有中心投影与平行投影两种,而平行投影中又有倾斜投影与正射投影之分。当投影射线会聚于一点时,称为中心投影,图 3-1(a)、(b)、(c)三种情况均属中心投影。投影射线的会聚点 S 称为投影中心。

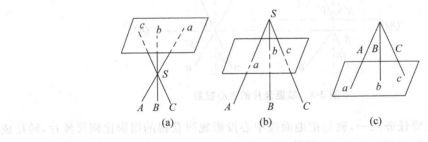

(a)          (b)          (c)

**图 3-1　中心投影**

当投影射线都平行于某一固定方向时,这种投影称为平行投影。平行投影中,投影射线与投影平面成斜交的称为倾斜投影,如图 3-2(a)所示;投影射线与投影平面成正交的称为正射投影,如图 3-2(b)所示。测量中地面与地形图的投影关系属于正射投影,某地区的地形图为该区域的地面点在水平面(小区域内将大地水准面用该地区中心的切平面取代)上的正射投影按比例尺缩小在图面上。

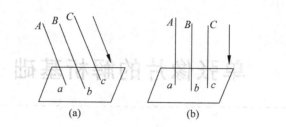

**图 3-2　平行投影**

（a）倾斜投影；（b）正射投影

### 2. 航摄像片是摄区地面的中心投影

通过前面的学习,我们知道摄影物镜是一个比较复杂的透镜组,由多片透镜组合而成。物镜光心的连线在摄影测量中称为物镜的主光轴。一个理想的物镜可以用两个焦点、两个主点和两个节点来等价表示。当物方空间和像方空间的介质相同时,前后主点与前后节点对应重合。这样,建立物点和像点成像关系的物镜主点就具备节点的特征。入射光线相对于物镜光轴的投射角 $\beta$ 等于出射光线与物镜光轴的夹角 $\beta'$,如图 3-3 中 $AS/\!/S'a$, $BS/\!/S'b$ 等。设想把物镜像方主点 $S'$ 连同像片 $P$ 作为一个整体,沿物镜主光轴平移,使物镜的两个主平面 $Q$ 和 $Q'$ 重合,这样就使各个相应共轭光线都各自成为一条直线。于是,任何物点都可以看作是通过同一个 $S$ 点的主光线成像于像片平面上。从几何意义上说,此时的物方主点相当于投影中心,像片平面是投影平面,像片平面上的影像就是摄区地面点的中心投影。地面上的点在像片上的影像可以用主光线与像片平面的交点表示。在确定像点与对应物点的关系时,都是按中心投影特征进行讨论。

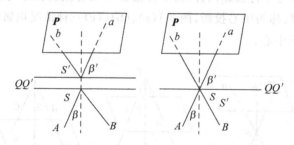

**图 3-3　航摄像片的中心投影**

摄影测量的主要任务之一,就是把地面按中心投影规律获得的摄影比例尺像片,转换成按成图比例尺要求的正射投影地形图。

### 3. 中心投影的正片位置和负片位置

中心投影有两种状态:一种是投影平面和物点位于投影中心的两侧,如同摄影时的情况,此时像片为负片,像片所处的位置称为负片位置;另外一种是以投影中心为对称中心,将负片旋转 180°到物方空间,即投影平面与物点位于投影中心的同一侧,此时像片为正片,其所处的位置称为正片位置。不论像片处在正片位置还是负片位置,像点与物点之间的几何关系并没有改变,数学表达式也仍旧是一样的。因此,无论是在仪器的设计方面,还是在讨论像点与物点间相互关系时,随其方便而采用正片位置或负片位置,正、负片位置如图 3-4 所示。

## 3.1.2　透视变换中的重要点、线、面

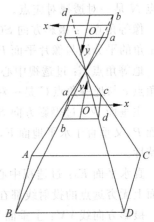

前面介绍过航摄像片是地面的中心投影,像片上的像点与地面点之间存在着一一对应的关系,这种对应关系也称透视对应(或投影对应)。在透视对应的条件下,像点与物点之间的变换称为透视变换(或投影变换)。例如航空摄影是地面向像面的透视变换,而利用像片确定地面点的位置则是像面向地面的透视变换。像面和地面是互为透视(投影)的两个平面,投影中心就是透视中心。

图 3-4　中心投影的正片位置和负片位置

### 1.透视变换中的重要点、线、面

在研究航摄像片与地面之间的透视关系以及确定航摄像片的空间位置时,首先要研究航摄像片和地面上的一些特殊的点、线、面。如图 3-5 所示,设 $E$ 为一个平坦而水平的地面(物面),$P$ 为像片平面(像面),$S$ 为投影中心(又叫透视中心)。像片平面 $P$ 与水平地面 $E$ 间的夹角 $\alpha$ 代表了像面的空间姿态,称为像片倾斜角。透视中心 $S$ 到像片平面 $P$ 的垂直距离为 $f$,摄影测量中称其为摄影机主距。透视中心 $S$ 到水平地面 $E$ 的垂直距离为 $H$,摄影测量中称其为相对航高。$\alpha$、$f$、$H$ 是确定 $S$、$P$、$E$ 三者之间状态的基本要素。

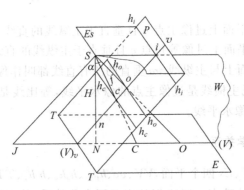

图 3-5　航摄像片上特殊的点、线、面

透视变换中重要的点、线、面如下:

透视轴 $TT$:像片平面 $P$ 与水平地面 $E$ 的交线。透视轴上的点既是物点又是像点,具有两重性,称为迹点或二重点,这是透视轴的一个重要性质。透视轴又叫迹线。

像主点 $o$:过投影中心 $S$ 向 $P$ 面作的垂线与像片平面相交于点 $o$,$o$ 称为像主点。距离 $So=f$,称为摄影机主距。

地主点 $O$:过投影中心 $S$ 向 $P$ 面作的垂线与水平地面相交于点 $O$,$O$ 称为地主点。像主点 $o$ 和地主点 $O$ 是一对透视对应点。$SO$ 表示为摄影方向,是摄影瞬间摄影机主光轴的空间方向。

像底点 $n$:由摄影中心 $S$ 作铅垂线交像片平面于 $n$ 点,$n$ 称为像底点。

地底点 $N$：主垂线与水平地面 $E$ 的交点 $N$ 称为地底点，$SN$ 称为主垂线，像底点 $n$ 和地底点 $N$ 是一对透视对应点。

像等角点 $c$：摄影方向 $SO$ 与主垂线 $SN$ 之间的夹角即为像片倾斜角 $\alpha$，过投影中心 $S$ 作 $\alpha$ 角的平分线与像片平面 $P$ 的交点 $c$ 称为像等角点。

地等角点 $C$：过透视中心 $S$ 作 $\alpha$ 角的平分线与水平地面 $E$ 的交点 $C$ 称为地等角点。像等角点 $c$ 与地等角点 $C$ 是一对透视对应点。

主垂面 $W$：过摄影方向 $SO$ 和主垂线 $SN$ 的垂面称为主垂面 $W$，主垂面既垂直于像片平面 $P$，又垂直于水平地面 $E$，也垂直于两平面的交线——透视轴 $TT$，这是主垂面的一个重要特性。

真水平面 $Es$：过透视中心 $S$ 且平行于水平地面 $E$ 的平面，称为真水平面，又称为合面。物面上无穷远点的投射线都在真水平面上。

摄影方向线 $VV$：主垂面 $W$ 与水平地面 $E$ 的交线。

主纵线 $vv$：主垂面 $W$ 与像片平面 $P$ 的交线。

真水平线 $h_i h_i$：真水平面 $Es$ 与像片平面 $P$ 的交线，又称为合线。真水平线上的点的投影，在水平地面上的无穷远处。

主合点 $i$：真水平线 $h_i h_i$ 与主纵线 $vv$ 的交点。所有与摄影方向线平行的物面直线，在像片平面上的投影都要通过主合点。

主迹点 $V$：透视轴 $TT$ 和摄影方向线 $VV$ 的交点，也是透视轴 $TT$ 和主纵线 $VV$ 的交点。

迹点：透视轴 $TT$ 上的所有点都称为迹点。

主遁点 $J$：过投影中心 $S$，作一条与主纵线平行的直线交摄影方向线于 $J$ 点，$J$ 点被称为主遁点。

主横线 $h_o h_o$：像片平面上过像主点 $o$ 且垂直于主纵线的直线。

等比线 $h_c h_c$：像片平面上过像等角点 $c$ 且垂直于主纵线的直线。

像水平线：像片平面上与主纵线 $vv$ 垂直的所有直线都叫作像水平线，也是平行于合线的直线。因此，也可以说主横线是过像主点的像水平线，等比线是过像等角点的像水平线，真水平线是过主合点的像水平线。

### 2．重要点、线的数学关系

以上共涉及 $P$、$E$、$W$、$Es$ 四个平面，$VV$、$vv$、$h_i h_i$、$h_o h_o$、$h_c h_c$、$TT$ 等特殊线，以及 $J$、$V$、$N$、$C$、$O$ 和 $n$、$c$、$o$、$i$ 等 9 个特殊点。对它们的定义要十分熟悉，关于它们的性质和作用要逐渐掌握。其中最常用的是主垂面内的简单几何关系，如图 3-6 所示。

图 3-6 中有 3 个相似的等腰三角形 $\triangle iSc$、$\triangle VcC$、$\triangle JSC$，它们的顶角都是 $\alpha$；一个平行四边形 $SiVJ$，称为透视平行四边形。

此外还有如下一些简单的数学关系，也应当熟记并能运用自如。在像面上有：

$$\left.\begin{array}{l} on = f\tan\alpha \\ oc = f\tan\dfrac{\alpha}{2} \\ oi = f\cot\alpha \\ Si = ci = \dfrac{f}{\sin\alpha} \end{array}\right\} \tag{3-1}$$

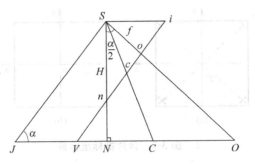

图 3-6　主垂面内的几何关系

同样在物面上有：

$$
\left.\begin{array}{l}
ON = H\tan\alpha \\[2mm]
CN = H\tan\dfrac{\alpha}{2} \\[2mm]
SJ = iV = \dfrac{H}{\sin\alpha}
\end{array}\right\} \tag{3-2}
$$

透视变换中重要的点、线、面对于定量和定性地分析航摄像片上像点的几何特性有着重要的意义，在后面章节中涉及较多，应熟练掌握这些重要的点、线、面及其相互关系。

# 3.2　摄影测量中常用的坐标系统

摄影测量学的主要任务就是根据像点坐标求解地面点三维坐标，首先选择适当的坐标系来定量描述像点和地面点，这是解析摄影测量的基础，然后才能从像方坐标测量出发，求出相应地面点在物方的坐标，实现坐标系的变换。摄影测量中常用的坐标系分为像方坐标系和物方坐标系两种，其中像方坐标系主要用来表达像点位置，而物方坐标系主要用来表达地面点位置。

## 3.2.1　像方坐标系

### 1. 框标坐标系 p-xy

航空摄影后直接得到的是航摄像片，航摄像片与普通像片的主要区别之一就是它有框标标志。一般的航摄像片都有角框标（四个角点）和四个边框标，框标标志除了可以用来进行像片的内定向外，还可以直接建立框标坐标系。框标坐标系有两种：根据角框标建立的框标坐标系是分别将角框标对角相连，连线交点 $P$ 为坐标原点，连线的角平分线构成 $x$ 轴和 $y$ 轴，如图 3-7(a)所示；根据边框标建立的框标坐标系是将边框标对边相连，连线的交点 $P$ 为坐标原点，与航线方向一致的连线作为 $x$ 轴，另一条连线作为 $y$ 轴，如图 3-7(b)所示。框标坐标系是右手坐标系。

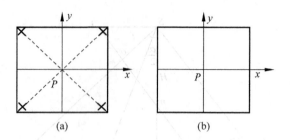

图 3-7    像片框标坐标系

## 2. 像平面坐标系 o-xy

像平面坐标系用来表示像点在像平面的位置,通常采用右手坐标系,$x$、$y$ 轴的选择按需要而定。在解析和数字摄影测量中,常根据框标来确定像平面坐标系,$x$ 轴和 $y$ 轴分别平行于框标坐标系的 $x$ 轴和 $y$ 轴。

在摄影测量解析计算中,像点的坐标应采用以像主点为原点的像平面坐标系中的坐标。为此,当像主点与框标连线交点不重合时,须将像片框标坐标系中的坐标平移至以像主点为原点的坐标系,见图 3-8。当像主点在框标坐标系中的坐标为 $x_0$、$y_0$ 时,则测量出的像点坐标 $x$、$y$,换算到以像主点为原点的像平面坐标系中的坐标为 $x-x_0$、$y-y_0$。

## 3. 像空间坐标系 S-xyz

为便于空间坐标的变换,需要建立描述像点在像空间位置的坐标系,即像空间坐标系。坐标系原点定义在投影中心 $S$,$x$、$y$ 轴分别与像平面坐标系的相应轴平行,$z$ 轴与摄影方向 $So$ 重合,正方向按右手规则确定,向上为正。在图 3-9 中,将像空间坐标系记为 $S\text{-}xyz$。由于航摄仪主距是一个固定的常数 $f$,所以一旦测量出某一像点的像平面坐标值 $(x,y)$,则该像点在像空间坐标系中的坐标也就随之确定了,即 $(x,y,-f)$。

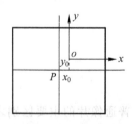

图 3-8    以像主点为原点的像平面坐标系

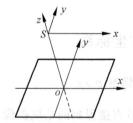

图 3-9    像空间坐标系

## 4. 像空间辅助坐标系 S-XYZ

像点的像空间坐标可直接以像平面坐标求得,但这种坐标的特点是每张像片的像空间坐标系不统一,这给计算带来困难。为此,需要建立一种相对统一的坐标系,即像空间辅助坐标,用 $S\text{-}XYZ$ 表示。此坐标系的原点仍选在投影中心 $S$,坐标轴系的选择视需要而定,通常有三种选取方法:其一是选取铅垂方向为 $Z$ 轴,航向方向为 $X$ 轴,构成右手直角坐标系,该辅助坐标系的三轴分别平行于地面摄影测量坐标系,见图 3-10(a);其二是以每条航线内第一张像片的像空间坐标系作为像空间辅助坐标系,见图 3-10(b);其三是以每个像对的左片摄影中心为坐标原点,摄影基线方向为 $X$ 轴,以摄影基线及左片主光轴构成的面(左核面)作为 $XZ$ 平面,构成右手直角坐标系,见图 3-10(c)。不同的情况下,选用不同的像空间辅助坐标系作为过渡坐标系。

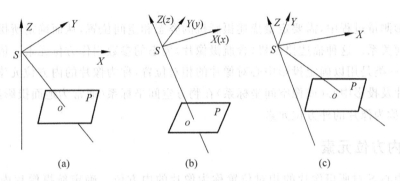

**图 3-10　像空间辅助坐标系**

## 3.2.2　物方坐标系

物方空间坐标系用于描述地面点在物方空间的位置,主要包括以下两种坐标系。

### 1. 地面测量坐标系 $T\text{-}X_tY_tZ_t$

地面测量坐标系通常指地图投影坐标系,也就是国家测图所采用的高斯克吕格 3°带或 6°带投影的平面直角坐标系和高程系,两者组成的空间直角坐标系是左手系,用 $T\text{-}X_tY_tZ_t$ 表示,如图 3-11 所示。摄影测量方法求得的地面点坐标最后要以此坐标形式提供给用户使用。

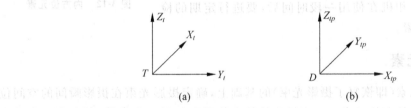

**图 3-11　物方空间坐标系**

### 2. 地面摄影测量坐标系 $D\text{-}X_{tp}Y_{tp}Z_{tp}$

由于摄影测量坐标系采用的是右手坐标系,而地面测量坐标系采用的是左手坐标系,这给摄影测量坐标到地面测量坐标的转换带来了困难。为此,在摄影测量坐标系与地面测量坐标系之间建立一种过渡的坐标系,称为地面摄影测量坐标系,用 $D\text{-}X_{tp}Y_{tp}Z_{tp}$ 表示。其坐标原点在测区内的某一地面点上,$X_{tp}$ 轴为大致与航向一致的水平方向,$Z_{tp}$ 轴沿铅垂方向,$Y_{tp}$ 与 $X_{tp}$ 轴正交构成右手直角坐标系,一般认为像空间辅助坐标系三轴与地面摄影测量坐标系三轴互相平行,如图 3-11(b)所示。摄影测量中,首先将摄影测量坐标转换成地面摄影测量坐标,最后再转换成地面测量坐标,因此地面摄影测量坐标系是一个过渡坐标系。

# 3.3 航摄像片的内、外方位元素

在摄影测量过程中,需要定量描述摄影机的姿态和空间位置,从而确定所摄像片与地面之间的几何关系。这种描述摄影机(含航摄像片)姿态的参数叫作方位元素。依其作用不同可分两类,一类是用以确定投影中心对像片的相对位置,称为像片的内方位元素;另一类用以确定像片及投影中心(或像空间坐标系)在物方空间坐标系(通常为地面摄影测量坐标系)中的方位,称为像片的外方位元素。

## 3.3.1 内方位元素

摄影中心 $S$ 对所摄像片的相对位置称为像片的内方位。确定航摄像片内方位的必要参数称为航摄像片的内方位元素。航摄像片有三个内方位元素,即像片主距 $f$、像主点在框标坐标系中的坐标 $x_0$ 和 $y_0$。

从图 3-12 不难看出 $f, x_0, y_0$ 中任一元素改变,则 $S$ 与像片平面 $P$ 的相对位置就要改变,摄影光束(或投影光束)也随之改变。所以也可以说,内方位元素的作用在于表示摄影光束的形状,在投影的情况下,恢复内方位就是恢复摄影光束的形状。

在航摄机的设计中,要求像主点与框标坐标系的原点重合,即尽量使 $x_0 = y_0 = 0$。实际上由于摄影机装配中的误差,$x_0, y_0$ 常为一微小值而不为 0。内方位元素值通常是已知的,可在航摄仪检定表中查出。相机在使用一段时间后,要进行定期的检校,以确定内方位元素。

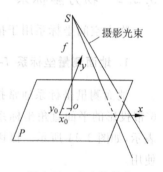

图 3-12 内方位元素

## 3.3.2 外方位元素

在恢复内方位元素(即恢复了摄影光束)的基础上,确定摄影光束在摄影瞬间的空间位置和姿态的参数称为外方位元素。一张像片的外方位元素包括六个参数,其中有三个是直线元素,用于描述摄影中心 $S$ 的空间位置的坐标值;另外三个是角元素,用于描述像片空间姿态。

### 1. 三个直线元素

三个直线元素是反映摄影瞬间,摄影中心 $S$ 在选定的地面空间坐标系中的坐标值,用 $X_s, Y_s, Z_s$ 表示。地面空间坐标系通常选用地面摄影测量坐标系,其中 $X_{tp}$ 轴与地面测量坐标系的 $Y_t$ 轴平行,$Y_{tp}$ 轴与地面测量坐标系的 $X_t$ 轴平行,构成右手直角坐标系,如图 3-13 所示。

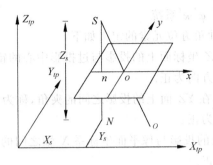

**图 3-13  外方位直线元素**

### 2. 三个角元素

外方位三个角元素可看作是摄影机主光轴从起始的铅垂方向绕空间坐标轴按某种次序连续三次旋转形成的。先绕第一轴旋转一个角度,其余两轴的空间方位随同变化;再绕变动后的第二轴旋转一个角度,经过两次旋转达到恢复摄影机主光轴的空间方位;最后绕经过两次变动后的第三轴(即主光轴)旋转一个角度,亦即像片在其自身平面内绕像主点旋转一个角度。像片由理想姿态到实际摄影时的姿态依次旋转的三个角值,也就是像片的三个外方位角元素。在图 3-14 中,$S\text{-}xyz$ 为像空间坐标系,而 $D\text{-}X_{tp}Y_{tp}Z_{tp}$ 为地面摄影测量坐标系。像空间辅助坐标系 $S\text{-}XYZ$ 的各轴与地面辅助坐标各轴平行,则 3 个角元素的定义如下:

1) 以 $Y$ 轴为主轴的 $\varphi\text{-}\omega\text{-}\kappa$ 系统

$\varphi$——主光轴 $SO$ 在 $XZ$ 坐标面内的投影与过投影中心的铅垂线之间的夹角,称为航向倾角。从铅垂线起算,逆时针方向为正。

$\omega$——主光轴 $SO$ 与其在 $XZ$ 坐标面内的投影之间的夹角,称为旁向倾角。从主光轴在 $SZ$ 面上的投影起算,逆时针方向为正。

$\kappa$——$Y$ 轴沿主光轴 $SO$ 的方向在像平面上的投影与像平面坐标 $y$ 轴之间的夹角,称为像片旋角。从 $Y$ 轴在像片上的投影起算,逆时针方向为正。

3 个角元素中 $\varphi$ 和 $\omega$ 共同确定了主光轴 $SO$ 的方向,而 $\kappa$ 则用来确定像片在像平面内的方位,即光线束绕主光轴的旋转。

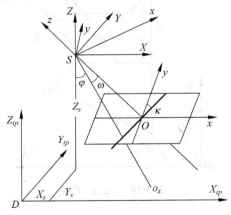

**图 3-14  $\varphi\text{-}\omega\text{-}\kappa$ 系统**

2）以 $X$ 轴为主轴的 $\omega'$-$\varphi'$-$\kappa'$ 系统

如图 3-15 所示，第二种角方位元素的定义如下：

$\omega'$——主光轴 $SO$ 在 $YZ$ 坐标面上的投影与过投影中心的铅垂线之间的夹角，称为侧滚角。从铅垂线起算，逆时针方向为正。

$\varphi'$——主光轴 $SO$ 与其在 $YZ$ 面上的投影之间的夹角，称为俯仰角。从主光轴在 $YZ$ 面上的投影起算，逆时针方向为正。

$\kappa'$——$X$ 轴在像平面上的投影与像平面坐标系 $X$ 轴之间的夹角，称为偏航角。从 $X$ 轴的投影起算，逆时针方向为正。

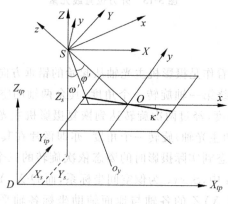

图 3-15 $\omega'$-$\varphi'$-$\kappa'$ 系统

与第一种角元素系统相仿，$\omega'$ 和 $\varphi'$ 角用来确定主光轴（$SO$）的方向，旋角 $\kappa'$ 用来确定像片（光束）绕主光轴的旋转。利用 $\omega'$-$\varphi'$-$\kappa'$ 系统恢复像片在空间的角方位时，应以 $X$ 坐标轴作为第一旋转轴（主轴），$Y$ 坐标轴作为第二旋转轴（副轴），即依次绕 $X$-$Y$-$Z$ 轴分别连续旋转 $\omega'$，$\varphi'$ 和 $\kappa'$ 角来实现。

3）以 $Z$ 轴为主轴的 $\iota$-$\alpha$-$\kappa_v$ 系统

这种角方位元素系统的定义如图 3-16 所示。

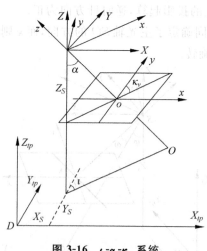

图 3-16 $\iota$-$\alpha$-$\kappa_v$ 系统

$\iota$——主垂面与地面坐标系统的 $X_{t}Y_{p}$ 坐标面的交线与 $Y_{t}$ 轴之间的夹角,称为主垂面方位角。从 $Y_{tp}$ 轴起算,顺时针方向为正。

$\alpha$——主光轴 $SO$ 与过投影中心的铅垂之间的夹角,称为像片的倾斜角。此角恒取正值。

$\kappa_{v}$——像主纵线与像平面坐标系 $y$ 轴之间的夹角,称为像片的旋角。从主纵线起算,逆时针方向为正。

与前两种角元素相仿,$\iota$ 和 $\alpha$ 用来确定主光轴($SO$)的方向,旋角 $\kappa_{v}$ 用来确定像片(光束)绕主光轴的旋转。利用 $\iota$-$\alpha$-$\kappa_{v}$ 系统恢复像片角方位时,应依次绕 $Z$-$X$-$Y$ 坐标轴分别旋转 $\iota$、$\alpha$、$\kappa_{v}$ 角来实现,其中 $X$、$Y$ 轴是旋转后的坐标轴。

需明确指出,任何一个空间直角坐标系在另一个空间直角坐标系中的角方位,都可采用上述 3 种系统中的任意一种来描述。但不论采用哪一种,都是由 3 个独立的角元素确定的,一般的摄影测量中多采用以 $Y$ 轴为主轴的转角系统来描述 3 个角元素。

# 3.4　坐标系的转换

用像点坐标求解地面点坐标时,需要对像点进行不同坐标系之间的转换,同时空间坐标系之间也要进行转换。例如,在求解地面点坐标时,需要进行像空间直角坐标系和像空间辅助坐标系之间的坐标变换。解析几何中坐标系转换的求解方法,被应用到了摄影测量坐标系的转换中,坐标系的转换涉及矩阵运算,需要一定的线性代数知识作为基础。

## 3.4.1　像点的平面坐标变换

平面坐标系就是我们常说的二维坐标系,平面坐标系的变换一般需要知道四个参数:原点平移值($\Delta x$,$\Delta y$),坐标系的旋转角度 $\kappa$,还有两个坐标系之间的放大系数 $\lambda$。在摄影测量中平面坐标系之间的转换很少涉及放大系数 $\lambda$,一般只需要考虑原点的平移和坐标轴的旋转。

在摄影测量的计算中,需要将各种不同情况下测量的像点坐标转换到像平面直角坐标系中,如图 3-17 所示,原点相同而坐标轴不一致的像平面坐标系之间的变换。

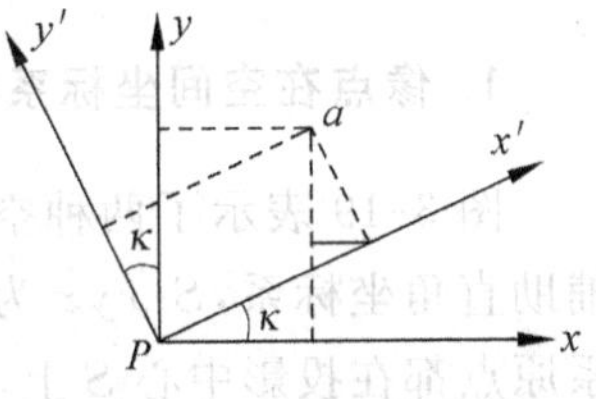

设像点 $a$ 在两个不同坐标系中的坐标分别为($x$,$y$)和($x'$,$y'$)。两者的关系只存在坐标轴的旋转变换,其数学表达式为

**图 3-17　平面坐标旋转**

$$\begin{bmatrix} x \\ y \end{bmatrix} = A \begin{bmatrix} x' \\ y' \end{bmatrix}$$

其中,

$$A = \begin{bmatrix} \cos xx' & \cos xy' \\ \cos yx' & \cos yy' \end{bmatrix} = \begin{bmatrix} a_{1} & a_{2} \\ b_{1} & b_{2} \end{bmatrix}$$

$A$ 称为旋转矩阵,矩阵中 $a_{1}$、$a_{2}$ 是 $x$ 轴分别与 $x'$、$y'$ 轴夹角的余弦,$b_{1}$,$b_{2}$ 是 $y$ 轴分别与 $x'$、$y'$ 轴夹角的余弦。在图 3-17 中,$x$ 轴和 $x'$ 轴,$y$ 轴和 $y'$ 轴的夹角为 $\kappa$,我们可以求得各方

向余弦为

$$a_1 = \cos\kappa, \quad a_2 = \cos(90°+\kappa) = -\sin\kappa$$
$$b_1 = \cos(90°-\kappa) = \sin\kappa, \quad b_2 = \cos\kappa$$

则数学表达式转化为

$$\begin{bmatrix} x \\ y \end{bmatrix} = \begin{bmatrix} \cos k & -\sin k \\ \sin k & \cos k \end{bmatrix} \begin{bmatrix} x' \\ y' \end{bmatrix} \tag{3-3}$$

反算式为

$$\begin{bmatrix} x' \\ y' \end{bmatrix} = \mathbf{A}^{-1} \begin{bmatrix} x \\ y \end{bmatrix}$$

$\mathbf{A}$ 为正交矩阵,其逆矩阵就是它的转置矩阵,所以反算式可表达为

$$\begin{bmatrix} x' \\ y' \end{bmatrix} = \begin{bmatrix} \cos k & \sin k \\ -\sin k & \cos k \end{bmatrix} \begin{bmatrix} x \\ y \end{bmatrix} \tag{3-4}$$

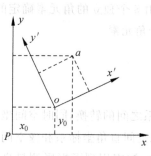

图 3-18　平面矩阵变换

式(3-3)和式(3-4)适用于原点相同的两个像平面坐标系之间的相互变换。坐标原点不同时,如图 3-18 所示,则像点的平面坐标变换关系可表示为式(3-5)和式(3-6)。

$$\begin{bmatrix} x \\ y \end{bmatrix} = \mathbf{A} \begin{bmatrix} x' \\ y' \end{bmatrix} + \begin{bmatrix} x_0 \\ y_0 \end{bmatrix} \tag{3-5}$$

$$\begin{bmatrix} x' \\ y' \end{bmatrix} = \mathbf{A}^{-1} \begin{bmatrix} x - x_0 \\ y - y_0 \end{bmatrix} \tag{3-6}$$

## 3.4.2　像点的空间坐标变换

在摄影测量中,为了利用像点坐标计算地面点坐标,首先要建立像点在不同的空间直角坐标系之间的坐标变换关系,通常是将像点的空间坐标系 $(X, Y, Z)$ 变换为像空间辅助坐标系 $(x, y, -f)$,这是同一像点在原点相同的不同空间坐标系之间的转换。

### 1. 像点在空间坐标系中的变换关系

图 3-19 表示了两种空间坐标系,其中 $S\text{-}XYZ$ 为像空间辅助直角坐标系,$S\text{-}xyz$ 为像空间直角坐标系。这两个坐标系原点都在投影中心 $S$ 上,但是各个坐标轴之间不重合,这种坐标轴之间夹角的余弦称为方向余弦。各个坐标轴之间夹角的余弦关系在表 3-1 列出。

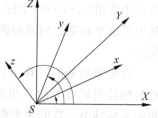

图 3-19　$S\text{-}XYZ$ 与 $S\text{-}xyz$ 两种空间坐标系

表 3-1　各轴之间方向余弦关系

| cos | $x$ | $y$ | $z$ |
|---|---|---|---|
| $X$ | $a_1$ | $a_2$ | $a_3$ |
| $Y$ | $b_1$ | $b_2$ | $b_3$ |
| $Z$ | $c_1$ | $c_2$ | $c_3$ |

现在假设有一像点 $a$，它在 $S\text{-}XYZ$ 中的坐标为 $(X, Y, Z)$，在 $S\text{-}xyz$ 中的坐标为 $(x, y, -f)$。根据空间解析几何和坐标转换的规律，$a$ 点在这两种坐标系中的坐标有如下关系：

$$\left.\begin{aligned} X &= a_1 x + a_2 y - a_3 f \\ Y &= b_1 x + b_2 y - b_3 f \\ Z &= c_1 x + c_2 y - c_3 f \end{aligned}\right\} \tag{3-7}$$

写成矩阵的形式为

$$\begin{bmatrix} X \\ Y \\ Z \end{bmatrix} = \boldsymbol{R} \begin{bmatrix} x \\ y \\ -f \end{bmatrix} = \begin{bmatrix} a_1 & a_2 & a_3 \\ b_1 & b_2 & b_3 \\ c_1 & c_2 & c_2 \end{bmatrix} \begin{bmatrix} x \\ y \\ -f \end{bmatrix} \tag{3-8}$$

式中，$\boldsymbol{R}$ 为旋转矩阵，有 9 个方向余弦。矩阵元素 $a_i, b_i, c_i (i = 1, 2, 3)$ 称为方向余弦。$a_1, a_2, a_3$ 是 $X$ 轴与像空间直角坐标系轴 $x, y, z$ 间夹角的余弦；$b_1, b_2, b_3$ 是 $Y$ 轴与像空间直角坐标系轴 $x, y, z$ 间夹角的余弦；$c_1, c_2, c_3$ 是 $Z$ 轴与像空间直角坐标系轴 $x, y, z$ 间夹角的余弦。

由于这种直角坐标系的变换是一种正交变换，因此 $\boldsymbol{R}$ 也是正交矩阵，9 个方向余弦只含有 3 个独立参数，这 3 个参数可以看作是一个空间直角坐标系（如 $S\text{-}XYZ$）按 3 个空间轴向顺次旋转至另一空间直角坐标系（如 $S\text{-}xyz$）。

因为 $\boldsymbol{R}$ 是正交矩阵，因此 $\boldsymbol{R}^{\mathrm{T}} = \boldsymbol{R}^{-1}$。$\boldsymbol{R}$ 矩阵这一特点使它的求逆矩阵计算大大简化，因此坐标反算的公式为

$$\begin{bmatrix} x \\ y \\ -f \end{bmatrix} = \boldsymbol{R}^{-1} \begin{bmatrix} X \\ Y \\ Z \end{bmatrix} = \boldsymbol{R}^{\mathrm{T}} \begin{bmatrix} X \\ Y \\ Z \end{bmatrix} = \begin{bmatrix} a_1 & b_1 & c_1 \\ a_2 & b_2 & c_2 \\ a_3 & b_3 & c_3 \end{bmatrix} \begin{bmatrix} X \\ Y \\ Z \end{bmatrix} \tag{3-9}$$

式(3-8)和式(3-9)是像点在像空间直角坐标系和像空间辅助直角坐标系之间的变换关系式。

**2. 方向余弦的确定**

坐标系变换时，像空间直角坐标系可以看成像空间辅助坐标系经过 3 次绕轴旋转一定角度得到，因此，方向余弦可以由 3 个角元素来计算。由于像空间辅助坐标系旋转到与像空间直角坐标重合有 3 种不同的旋转方法，因此角元素（3 个独立参数）也有 3 种表达式。下面仅以常用的 $\varphi\text{-}\omega\text{-}\kappa$ 系统为例推导方向余弦的表达式，另外两个系统就不详细推导了。

1）用 $\varphi\text{-}\omega\text{-}\kappa$ 表示方向余弦

以像空间辅助直角坐标系为起始位置，首先绕 $Y$ 轴旋转 $X$ 轴和 $Z$ 轴，旋转 $\varphi$ 角得到 $S\text{-}X_\varphi Y Z_\varphi$ 坐标系；再绕 $X_\varphi$ 旋转 $Y$ 轴和 $Z_\varphi$ 轴，旋转 $\omega$ 角，得到 $S\text{-}X_\varphi Y_\omega Z_{\varphi\omega}$ 坐标系；最后绕 $Z_{\varphi\omega}$ 轴旋转 $X_\varphi$ 轴和 $Y_\omega$ 轴，旋转 $\kappa$ 角，得到 $S\text{-}X_{\varphi\kappa} Y_{\omega\kappa} Z_{\varphi\omega}$ 坐标系，这个坐标系就是像片摄影时的位置，也就是像空间直角坐标系。因为每次旋转的时候都是绕一个轴旋转，该旋转轴保持不变，在另外两个轴构成的平面内旋转，3 次旋转都属于平面坐标系变换（只有一个转动角度值构成矩阵）。因此空间直角坐标系的坐标变换就分解成了 3 次平面旋转。每次旋转的

旋转矩阵 $R$ 是以旋转角 $(\varphi、\omega、\kappa)$ 为函数的矩阵。

第一步：将 $S\text{-}XYZ$ 绕 $Y$ 轴旋转 $\varphi$ 角，得到一个新的坐标系 $S\text{-}X_\varphi YZ_\varphi$，如图 3-20 所示，像点坐标 $(X_\varphi, Y, Z_\varphi)$ 与 $(X, Y, Z)$ 的变换公式如下：

$$\begin{bmatrix} X \\ Y \\ Z \end{bmatrix} = R_\varphi \begin{bmatrix} X_\varphi \\ Y \\ Z_\varphi \end{bmatrix} = \begin{bmatrix} \cos\varphi & 0 & -\sin\varphi \\ 0 & 1 & 0 \\ \sin\varphi & 0 & \cos\varphi \end{bmatrix} \begin{bmatrix} X_\varphi \\ Y \\ Z_\varphi \end{bmatrix} \tag{3-10}$$

第二步：将 $S\text{-}X_\varphi YZ_\varphi$ 绕 $X_\varphi$ 轴旋转 $\omega$ 角，得到新坐标系 $S\text{-}X_\varphi Y_\omega Z_{\varphi\omega}$，如图 3-21 所示，像点坐标 $(X_\varphi, Y_\omega, Z_{\varphi\omega})$ 与 $(X_\varphi, Y, Z_\varphi)$ 的变换公式为

$$\begin{bmatrix} X_\varphi \\ Y \\ Z_\varphi \end{bmatrix} = R_\omega \begin{bmatrix} X_\varphi \\ Y_\omega \\ Z_{\varphi\omega} \end{bmatrix} = \begin{bmatrix} 1 & 0 & 0 \\ 0 & \cos\omega & -\sin\omega \\ 0 & \sin\omega & \cos\omega \end{bmatrix} \begin{bmatrix} X_\varphi \\ Y_\omega \\ Z_{\varphi\omega} \end{bmatrix} \tag{3-11}$$

第三步：将 $S\text{-}X_\varphi Y_\omega Z_{\varphi\omega}$ 绕 $Z_{\varphi\omega}$ 轴旋转 $\kappa$ 角，得到新坐标系 $S\text{-}X_{\varphi\kappa} Y_{\omega\kappa} Z_{\varphi\omega}$，也就是像空间直角坐标系 $S\text{-}xyz$，如图 3-22 所示。像点空间坐标 $(x, y, -f)$ 与 $(X_\varphi, Y_\omega, Z_{\varphi\omega})$ 的变换关系为

$$\begin{bmatrix} X_\varphi \\ Y_\omega \\ Z_{\varphi\omega} \end{bmatrix} = R_\kappa \begin{bmatrix} x \\ y \\ -f \end{bmatrix} = \begin{bmatrix} \cos\kappa & -\sin\kappa & 0 \\ \sin\kappa & \cos\kappa & 0 \\ 0 & 0 & 1 \end{bmatrix} \begin{bmatrix} x \\ y \\ -f \end{bmatrix} \tag{3-12}$$

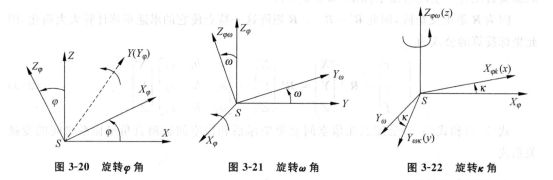

图 3-20　旋转 $\varphi$ 角　　　　图 3-21　旋转 $\omega$ 角　　　　图 3-22　旋转 $\kappa$ 角

第四步：将式(3-10)代入式(3-11)，再将式(3-11)代入式(3-12)，即求得像空间辅助坐标系与像空间直角坐标系的变换公式为

$$\begin{bmatrix} X \\ Y \\ Z \end{bmatrix} = R_\varphi R_\omega R_\kappa \begin{bmatrix} x \\ y \\ -f \end{bmatrix} = R \begin{bmatrix} x \\ y \\ -f \end{bmatrix} \tag{3-13}$$

式中，

$$R = R_\varphi R_\omega R_\kappa = \begin{bmatrix} \cos\varphi & 0 & -\sin\varphi \\ 0 & 1 & 0 \\ \sin\varphi & 0 & \cos\varphi \end{bmatrix} \begin{bmatrix} 1 & 0 & 0 \\ 0 & \cos\omega & -\sin\omega \\ 0 & \sin\omega & \cos\omega \end{bmatrix} \begin{bmatrix} \cos\kappa & -\sin\kappa & 0 \\ \sin\kappa & \cos\kappa & 0 \\ 0 & 0 & 1 \end{bmatrix}$$

$$= \begin{bmatrix} a_1 & a_2 & a_3 \\ b_1 & b_2 & b_3 \\ c_1 & c_2 & c_3 \end{bmatrix}$$

矩阵相乘之后得到 $a_i$，$b_i$，$c_i$ 的表达式为

$$\left.\begin{aligned}
a_1 &= \cos\varphi\cos\kappa - \sin\varphi\sin\omega\sin\kappa \\
a_2 &= -\cos\omega\sin\kappa - \sin\varphi\sin\omega\cos\kappa \\
a_3 &= -\sin\varphi\cos\omega \\
b_1 &= \cos\omega\sin\kappa \\
b_2 &= \cos\omega\cos\kappa \\
b_3 &= -\sin\omega \\
c_1 &= \sin\varphi\cos\kappa + \cos\varphi\sin\omega\sin\kappa \\
c_2 &= -\sin\varphi\sin\kappa + \cos\varphi\sin\omega\cos\kappa \\
c_3 &= \cos\varphi\cos\omega
\end{aligned}\right\} \tag{3-14}$$

2）用 $\omega'$-$\varphi'$-$\kappa'$ 表示方向余弦和用 $A$-$\alpha$-$\kappa$ $(\tau$-$\alpha$-$\kappa_v)$ 表示方向余弦

当取 $X$ 轴为主轴的转角系统 $\omega'$-$\varphi'$-$\kappa'$ 三个角元素为独立参数时，可按照上面的推演步骤得到相应的计算公式：

$$\left.\begin{aligned}
a_1 &= \cos\varphi'\cos\kappa' \\
a_2 &= -\cos\varphi'\sin\kappa' \\
a_3 &= -\sin\varphi' \\
b_1 &= \cos\omega'\sin\kappa' - \sin\omega'\sin\varphi'\cos\kappa' \\
b_2 &= \cos\omega'\cos\kappa' + \sin\omega'\sin\varphi'\sin\kappa' \\
b_3 &= -\sin\omega'\cos\varphi' \\
c_1 &= \sin\omega'\sin\kappa' + \cos\omega'\sin\varphi'\cos\kappa' \\
c_2 &= \sin\omega'\cos\kappa' - \cos\omega'\sin\varphi'\sin\kappa' \\
c_3 &= \cos\omega'\cos\varphi'
\end{aligned}\right\} \tag{3-15}$$

当取 $Z$ 轴为主轴的转角系统 $A$-$\alpha$-$\kappa$ 三个角元素为独立参数时，同样按照上面的推演步骤，可得到相应的计算公式：

$$\left.\begin{aligned}
a_1 &= \cos A\cos\kappa + \sin A\cos\alpha\sin\kappa \\
a_2 &= -\cos A\sin\kappa + \sin A\cos\alpha\cos\kappa \\
a_3 &= -\sin A\sin\alpha \\
b_1 &= -\sin A\cos\kappa + \cos A\cos\alpha\sin\kappa \\
b_2 &= \sin A\sin\kappa + \cos A\cos\alpha\cos\kappa \\
b_3 &= -\cos A\sin\alpha \\
c_1 &= \sin\alpha\sin\kappa \\
c_2 &= \sin\alpha\cos\kappa \\
c_3 &= \cos\alpha
\end{aligned}\right\} \tag{3-16}$$

在这里需要指出的是，对同一张像片在同一坐标系中，取不同转角系统的 3 个角元素作为独立参数时，尽管表达 9 个方向余弦的形式不同，但是方向余弦是彼此相等的。三维坐标转换需要知道 9 个方向余弦值，这 9 个方向余弦并不是独立的，它们由 3 个独立参数（角元素）构成。

## 3.5 像点、地面点和投影中心之间的坐标关系

航摄像片是地面景物的中心投影构像,地图在小范围内可认为是地面景物的正射投影,这是两种不同性质的投影。影像信息的摄影测量处理,就是要把中心投影的影像,变换为正射投影的地图信息,为此要讨论像点、相应地面点及投影中心的构像方程式。

假设在摄站 $S$ 摄取了一张航摄像片 $P$,航摄仪镜箱主距为 $f$(一般由相机生产单位提供)。图 3-23 中,$A$-$XYZ$ 为一个右手系地面摄影测量坐标系。地面点 $A$ 和投影中心 $S$ 在该坐标系中的坐标分别为 $X_A,Y_A,Z_A$ 和 $X_S,Y_S,Z_S$;$A$ 点在像片上的构像点 $a$,在像空间辅助坐标系 $S$-$XYZ$ 和像空间直角坐标系 $S$-$xyz$ 中的坐标分别为 $(X,Y,Z)$ 和 $(x,y,-f)$。像空间辅助坐标系 $S$-$XYZ$ 和地面摄影测量坐标系 $A$-$XYZ$ 的对应轴应平行。

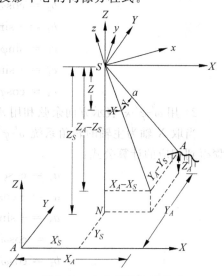

由于摄影时 $S,a,A$ 三点位于一条直线上(三点共线),由图 3-23 中各相似三角形的关系,可以得到像点的像空间辅助坐标 $(X,Y,Z)$ 与对应地面点 $A$ 和投影中心 $S$ 在地面摄影测量坐标系中的坐标 $(X_A,Y_A,Z_A)$ 和 $(X_S,Y_S,Z_S)$ 间的关系为

图 3-23 中心投影构像关系

$$\frac{X}{X_A-X_S}=\frac{X}{Y_A-Y_S}=\frac{X}{Z_A-Z_S}=\frac{1}{\lambda}$$

即

$$\begin{bmatrix} X_A-X_S \\ Y_A-Y_S \\ Z_A-Z_S \end{bmatrix}=\lambda\begin{bmatrix} X \\ Y \\ Z \end{bmatrix} \tag{3-17}$$

像点的像空间坐标 $(x,y,-f)$ 与像空间辅助坐标 $(X,Y,Z)$ 的关系为

$$\begin{bmatrix} X \\ Y \\ Z \end{bmatrix}=\boldsymbol{R}\begin{bmatrix} x \\ y \\ -f \end{bmatrix}=\begin{bmatrix} a_1 & a_2 & a_3 \\ b_1 & b_2 & b_3 \\ c_1 & c_2 & c_3 \end{bmatrix}\begin{bmatrix} x \\ y \\ -f \end{bmatrix} \tag{3-18}$$

将式(3-18)代入到式(3-17)得:

$$\begin{bmatrix} X_A-X_S \\ Y_A-Y_S \\ Z_A-Z_S \end{bmatrix}=\lambda\boldsymbol{R}\begin{bmatrix} x \\ y \\ -f \end{bmatrix}=\lambda\begin{bmatrix} a_1 & a_2 & a_3 \\ b_1 & b_2 & b_3 \\ c_1 & c_2 & c_3 \end{bmatrix}\begin{bmatrix} x \\ y \\ -f \end{bmatrix} \tag{3-19}$$

式(3-19)的逆算式为

$$\begin{bmatrix} x \\ y \\ -f \end{bmatrix}=\lambda^{-1}\boldsymbol{R}^{-1}\begin{bmatrix} X_A-X_S \\ Y_A-Y_S \\ Z_A-Z_S \end{bmatrix} \tag{3-20}$$

因为 $\boldsymbol{R}$ 为正交矩阵,因此有 $\boldsymbol{R}^{-1}=\boldsymbol{R}^{\mathrm{T}}$,故:

$$
\begin{bmatrix} x \\ y \\ -f \end{bmatrix} = \frac{1}{\lambda} \begin{bmatrix} a_1 & b_1 & c_1 \\ a_2 & b_2 & c_2 \\ a_3 & b_3 & c_3 \end{bmatrix} \begin{bmatrix} X_A - X_S \\ Y_A - Y_S \\ Z_A - Z_S \end{bmatrix}
$$

展开为

$$x = \frac{1}{\lambda}\left[a_1(X_A - X_S) + b_1(Y_A - Y_S) + c_1(Z_A - Z_S)\right] \qquad ①$$

$$y = \frac{1}{\lambda}\left[a_2(X_A - X_S) + b_2(Y_A - Y_S) + c_2(Z_A - Z_S)\right] \qquad ②$$

$$-f = \frac{1}{\lambda}\left[a_3(X_A - X_S) + b_3(Y_A - Y_S) + c_3(Z_A - Z_S)\right] \qquad ③$$

用①、②两式除以式③,消去比例因子得:

$$
\left. \begin{aligned}
x &= -f\,\frac{a_1(X_A - X_S) + b_1(Y_A - Y_S) + c_1(Z_A - Z_S)}{a_3(X_A - X_S) + b_3(Y_A - Y_S) + c_3(Z_A - Z_S)} \\
y &= -f\,\frac{a_2(X_A - X_S) + b_2(Y_A - Y_S) + c_2(Z_A - Z_S)}{a_3(X_A - X_S) + b_3(Y_A - Y_S) + c_3(Z_A - Z_S)}
\end{aligned} \right\} \qquad (3\text{-}21)
$$

当需要考虑内方位元素时,式(3-21)可表示为

$$
\left. \begin{aligned}
x - x_0 &= -f\,\frac{a_1(X_A - X_S) + b_1(Y_A - Y_S) + c_1(Z_A - Z_S)}{a_3(X_A - X_S) + b_3(Y_A - Y_S) + c_3(Z_A - Z_S)} \\
y - y_0 &= -f\,\frac{a_2(X_A - X_S) + b_2(Y_A - Y_S) + c_2(Z_A - Z_S)}{a_3(X_A - X_S) + b_3(Y_A - Y_S) + c_3(Z_A - Z_S)}
\end{aligned} \right\} \qquad (3\text{-}22)
$$

式中,$x,y$ 代表像点在框标坐标系中的坐标,这与式(3-21)代表的像平面直角坐标不同。式(3-21)和式(3-22)为一般地区中心投影的构像方程式。因为像点 $a$,投影中心 $S$ 和对应地面点 $A$ 三点共线,也称为共线方程。该方程建立了像点、地面点和投影中心三点的关系,是摄影测量中重要的基本公式之一,应用十分广泛。在单张像片的后方交会、光束法区域网平差及利用 DEM 进行单张像片测图中,都要用到这个基本公式。

此外,根据共线方程还可以推导出平坦地区的构像方程,将式(3-19)展开为

$$X_A - X_S = \lambda(a_1 x + a_2 y - a_3 f) \qquad ①$$

$$Y_A - Y_S = \lambda(b_1 x + b_2 y - b_3 f) \qquad ②$$

$$Z_A - Z_S = \lambda(c_1 x + c_2 y - c_3 f) \qquad ③$$

同样用①、②两式除以式③,消去比例因子得:

$$
\left. \begin{aligned}
X_A - X_S &= (Z_A - Z_S)\,\frac{a_1 x + a_2 y - a_3 f}{c_1 x + c_2 y - c_3 f} \\
Y_A - Y_S &= (Z_A - Z_S)\,\frac{b_1 x + b_2 y - b_3 f}{c_1 x + c_2 y - c_3 f}
\end{aligned} \right\} \qquad (3\text{-}23)
$$

当地面水平的时候,$Z_A - Z_S = -H$ 为一常数,由图 3-23 可知,$X_A - X_S$ 和 $Y_A - Y_S$ 分别是地面点 $A$ 在像空间辅助坐标系中的坐标 $X_m$,$Y_m$,式(3-23)可以写成:

$$
\left. \begin{aligned}
X_m &= -H\,\frac{a_1 x + a_2 y - a_3 f}{c_1 x + c_2 y - c_3 f} \\
Y_m &= -H\,\frac{b_1 x + b_2 y - b_3 f}{c_1 x + c_2 y - c_3 f}
\end{aligned} \right\} \qquad (3\text{-}24)
$$

式中，$H$，$c_3 f$ 都是常数，将 $H$ 乘入并各项除以 $-c_3 f$，各项系数用新的符号表示为

$$\left.\begin{array}{l}X_{\mathrm{m}}=\dfrac{a_{11} x+a_{12} y+a_{13}}{a_{31} x+a_{32} y+1}\\[3mm]Y_{\mathrm{m}}=\dfrac{a_{21} x+a_{22} y+a_{23}}{a_{31} x+a_{32} y+1}\end{array}\right\} \qquad (3\text{-}25)$$

式（3-25）是地面水平时构像方程的一般形式，它反映了像片平面和水平地面之间的中心投影构像关系，也称为透视变换公式，是共线方程的另外一种表达方式。式（3-25）多用于像片的纠正中。

# 3.6 航摄像片的像点位移

航摄像片是地面景物的中心投影，其理想状态是地面水平且航摄像片也水平，但是由于像片倾斜或地面有起伏时，所摄的影像均与理想情况有所差异。当航摄像片有倾角或地面有起伏时，地面点在像片上构像的点位偏离了应有的正确位置，这种点位差异称为像点位移。它包括像片倾斜引起的位移和地形起伏引起的位移，其结果是使像片上的几何图形与地面上的几何图形产生形变及像片上影像比例尺处处不等。

### 1. 因像片倾斜引起的像点位移

假设地面水平，在同一摄站中心 $S$ 点对地面摄取两张像片，一张为倾斜像片 $P$，另一张为水平像片 $P_0$，如图 3-24 所示。水平像片与倾斜像片相交于等比线 $h_c h_c'$，为了建立两者之间的联系，像点坐标用极坐标系表示，公共等角点 $c$ 为极点，公共交线等比线 $h_c h_c'$ 为极轴，一对像点 $a$ 和 $a^0$ 的极角和极径，分别用 $\varphi$，$\varphi^0$ 和 $r_c$，$r_c^0$ 表示。根据平面直角坐标系与极坐标的关系有：

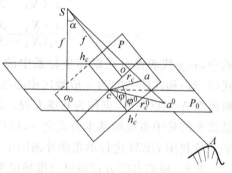

**图 3-24 倾斜像片与水平像片**

$$x=r\cos\varphi, \quad y=r\sin\varphi$$

$$r=\sqrt{x^2+y^2}$$

$$\varphi=\arctan\frac{y}{x}$$

则：
$$\tan\varphi=\frac{y_c}{x_c}, \quad \tan\varphi^0=\frac{y_c^0}{x_c^0} \qquad (3\text{-}26)$$

由于在倾斜像片上，从等角点出发引向任意像点的方向线，其方向角与水平像片上相应方向线的方向角恒等，这是等角点命名的由来，因此倾斜像片上的方向线 $ca$ 与水平像片上对应的方向线 $ca^0$ 的极角相等，即：

$$\varphi=\varphi^0$$
$$\tan\varphi=\tan\varphi^0$$

若将倾斜像片 $P$ 绕等比线 $h_c h_c'$ 旋转与水平像片重合，此时 $a$ 和 $a^0$ 必定位于同一条过

等比线的直线上,即:$c,a,a^0$ 三点共线,此时 $\delta_a = aa^0 = r_c - r_c^0$,$\delta_a$ 就是因像片倾斜引起的像点位移。

像点位移的大小与像片倾角 $\alpha$、摄影机主距 $f$,以及方向角 $\varphi$ 有关,其近似表达式为

$$\delta_a = -\frac{r_c^2}{f}\sin\alpha\sin\varphi \tag{3-27}$$

由式(3-27)可以知道:

(1) 当 $\varphi = 0°,180°,\delta_a = 0$ 时,即位于等比线 $h_c h_c'$ 上的点,无像点位移。

(2) 当 $\varphi$ 在 $0° \sim 180°,\delta_a < 0$ 时,即像点朝向等角点位移;当 $\varphi$ 在 $180° \sim 360°,\delta_a > 0$ 时,即像点背向等角点位移。

(3) 当 $\varphi = 90°$ 或 $270°$ 时,$\sin\varphi = \pm1$,即 $r_c$ 相同的情况下,主纵线上 $|\delta_a|$ 为最大值。

以上是因像片倾斜引起的像点位移的规律,这种规律体现为水平地面上任一正方形在像片上的构像为一个四边形;反之像片平面上的正方形影像对应地面上的地物不一定是正方形的。

### 2. 因地面起伏引起的像点位移

无论是水平像片还是倾斜像片,地面高低起伏都会引起像点位移,因地形起伏引起的像点位移也称为投影差。为了便于讨论,仅研究像片水平时地面起伏引起的像点位移。设地面点 $A$ 距基准面有高差 $h$,它在水平像片上的构像为 $a$;地面点 $A$ 在基准面上的投影为 $A_0$,$A_0$ 在水平像片上的构像为 $a_0$;$aa_0$ 为地面起伏引起的像点位移,用 $\delta_h$ 表示,通常称为像片上的投影差;将像点 $a$ 投影到基准面上为 $A'$,则 $A_0 A'$ 称为地面上的投影差,用 $\Delta h$ 表示,如图 3-25 所示。根据三角形相似原理,可得:

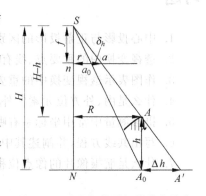

图 3-25  地面起伏引起的像点位移

$$\frac{\Delta h}{R} = \frac{h}{H-h}$$

由于 $\dfrac{R}{H-h} = \dfrac{r}{f}$,得:

$$\delta_h = \frac{\Delta h}{m} = \frac{f}{H}\Delta h$$

由前面两式可以得到:

$$\Delta h = \frac{Rh}{H-h}, \quad f = \frac{r(H-h)}{R}$$

代入 $\delta_h$ 计算得:

$$\delta_h = \frac{\dfrac{r(H-h)}{R} \times \dfrac{Rh}{H-h}}{H} = \frac{rh}{H} \tag{3-28}$$

式(3-28)就是像片上因地形起伏引起像点位移的计算公式,也就是投影差的计算公式。

式(3-28)中,$r$ 为 $a$ 点到像底点 $n$ 的水平距离;$H$ 为摄影航高;$R$ 为地面点 $A$ 到地底点 $N$ 的水平距离。

由式(3-28)可知：

(1) 地面起伏引起的像点位移 $\delta_h$，在以像底点 $n$ 为中心的辐射线上；

(2) 当 $h>0$ 时，$\delta_h>0$，像点向离开像底点方向位移；

(3) 当 $h<0$ 时，$\delta_h<0$，像点向像底点方向位移；

(4) 当 $h=0$ 时，$\delta_h=0$，此时像点与像底点重合，因此不存在地面起伏引起的像点位移。

根据前面的推导，可以得到地面上投影差的计算公式为

$$\Delta h = \frac{Rh}{H-h} \tag{3-29}$$

由式(3-29)可以看出，像点位移同样可以引起像片比例尺的变化，由于像底点不在等比线 $hh'_c$ 上，因此综合考虑像片倾斜和地形起伏的影响，像片上任意一点都存在像点位移，而且位移的大小随点位的不同而不同，导致一张像片上不同点位的比例尺不同。航摄像片给出的比例尺一般都是指平均比例尺，是一近似值，称为主比例尺，主要用来编制计划、管理、计算近似值等。

# 习题

1. 中心投影与正射投影的区别是什么？

2. 透视变换中的重要点、线有哪些？它们之间的关系是什么？

3. 作图表示透视变换中的重要点、线、面。

4. 什么是内、外方位元素？外方位元素中的角元素有几种常用的表示方式？

5. 摄影测量中常用坐标系有哪些？它们之间的关系是什么？

6. 写出共线方程，并阐述其中各个元素所代表的意义以及共线方程的作用。

7. 什么是航摄像片的像点位移？引起像点位移的主要原因是什么？

# 第 4 章

# 立体观察和模拟摄影测量

单张像片只能研究物体的平面位置,而在两个相邻摄站对同一地区摄取具有重叠影像的一个立体像对,在一定的条件下可以实现立体观测。求解地面三维坐标时首先必须构建三维模型,然后观测立体模型,这是摄影测量的基础。模拟摄影测量是借助于人眼和具有一定重叠程度的像片进行立体观测,能够直观地展现立体模型的构建过程。本章主要介绍立体观测的原理、方法和模拟摄影测量的基本原理及仪器。

## 4.1 人造立体视觉

用光学仪器或肉眼对具有一定重叠度的像对进行立体观察,获得地物和地形的光学立体模型,称为像片的立体观察,它的原理就是人对物体的双眼观察。模拟和解析摄影测量的仪器,其观察系统具备人眼自然观察的相应条件。

### 4.1.1 人眼的立体视觉原理

人眼是一个天然的光学系统,结构比较复杂,人眼结构的示意图如图 4-1 所示。它好像一架完善的自动调光的摄影机,当人们观察远近不同的物体时,眼球中的晶状体(如同摄影机的物镜)自动变焦,在网膜窝(如同底片)上得到清晰的像,眼睛瞳孔的作用类似光圈。

当人们用单眼观察景物时,感觉到的仅仅是景物的中心构像,好像一张像片一样,不能正确判断景物的远近,只能凭经验去间接判断。只有用双眼同时观察景物,才能分辨出物体的远近,得到景物的立体效应,这种现象称为人眼的天然立体视觉。

人的双眼观察为何能判断景物的远近呢? 如图 4-2 所示,有一物点 $A$,距双眼的距离为 $L$,当双眼注视 $A$ 点时,两眼的视准轴本能地交会于 $A$ 点,此时两视轴相交的角度 $\gamma$ 称为交会角。在两眼交会的同时,水晶体自动调节焦距,得到最清晰的影像。交会与调节焦距这两项动作是本能进行的。人眼的这种本能称为凝视。当双眼凝视 $A$ 点时,在两眼的网膜窝中央就得到构像 $a$ 和 $a'$;若 $A$ 点附近有一点 $B$,较 $A$ 点更近,距双眼的距离为 $L-dL$,同样得到构像 $b$ 和 $b'$。由于 $A$、$B$ 两点距眼睛的距离不等,致使网膜窝上 $ab$ 与 $a'b'$ 弧长不相等,$\delta = ab - a'b'$ 称为生理视差,生理视差也反映为观察 $A$、$B$ 两点交会角的差别,双眼交会 $A$ 点时的交会角为 $\gamma$,双眼交会 $B$ 点时的交会角为 $\gamma + d\gamma$,$\gamma + d\gamma > \gamma$,因此人的双眼观察就能区别物体的远与近。生理视差是产生天然立体感觉的根本原因,正是从这一原理出发而获取人造立体视觉。

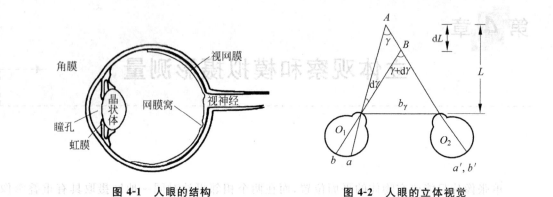

图 4-1 人眼的结构        图 4-2 人眼的立体视觉

从图 4-2 可以看出交会角与距离有如下关系：

$$\tan\frac{\gamma}{2}=\frac{b_\gamma}{2L}, \quad L=\frac{b_\gamma}{\gamma} \tag{4-1}$$

式中，$b_\gamma$ 为眼基线，随人而异，其平均长度为 65mm。将式(4-1)微分，可得交会角变化与距离及生理视差的关系式：

$$dL=-\frac{b_\gamma\cdot d\gamma}{\gamma^2}=-\frac{L^2}{b_\gamma}\cdot d\gamma=-\frac{L^2}{b_\gamma}\cdot\frac{\delta}{f_\gamma} \tag{4-2}$$

式中，$f_\gamma$ 为眼焦距，约为 17mm；$\delta$ 为生理视差。

单眼观察两点的分辨率为 $45''$，双眼观察两点的分辨率为 $20''$，双眼观察比单眼观察提高 $\sqrt{2}$ 倍。当人站在 50m 处时，立体观察两点，分辨率为 $45''/\sqrt{2}=30''$，代入式(4-2)得 $dL=5.6m$，即能分辨远近的最小距离为 5.6m。

通过式(4-2)可以看出要提高分辨远近距离的能力，一是扩大眼基线 $b_\gamma$，另一个是利用放大倍率为 $V$ 的光学系统进行观察，则分辨率可以提高 $V$ 倍。

## 4.1.2 人造立体视觉产生的条件

如图 4-3 所示，当我们用双眼观察空间远近不同的景物 $A$、$B$ 时，两眼产生生理视差，获得立体视觉，可以判断景物的远近。如果此时我们在双眼前各放一块玻璃片，如图 4-3 中 $P$ 和 $P'$，则 $A$ 和 $B$ 两点分别得到影像 $a$、$b$ 和 $a'$、$b'$。若玻璃上有感光材料，影像就分别记录在 $P$ 和 $P'$ 片上。当移开实物后，两眼分别观看各自玻璃片上的构像，仍能看到与实物一样的空间景物 $A$ 和 $B$，这就是空间景物在人眼网膜窝上产生生理视差的人眼立体视觉效应。其过程为：空间景物在感光材料上构像，再用人眼观察构像的像片而产生生理视差，重建空间景物立体视觉。这样的立体感觉称为人造立体视觉，所看到的立体模型称为视模型。因此人造立体视觉的定义是：当人的左右眼各看一张相应像片的时候(即左眼看左片，右眼看右片)就可感到与实物一样的地面景物存在，在眼中同样产生生理视差，能分辨出物体的远近，这种观察立体像对得到地面景物立体影像的立体感觉称为人造立体视觉。

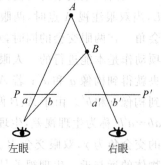

图 4-3 人造立体视觉

根据人造立体视觉原理,在摄影测量中规定摄影时保持像片的重叠度在 60% 以上,是为了使同一地面景物在相邻两张像片上都有影像,它完全类同于上述两玻璃片上记录的景物影像。利用相邻像片组成的像对,进行双眼观察(左眼看左片,右眼看右片),同样可以获得所摄地面的立体模型,这样就奠定了立体摄影测量的基础。

　　如上所述,人造立体视觉必须符合自然界立体观察的四个条件:

　　(1) 两张像片必须是在两个不同位置对同一景物摄取的立体像对;

　　(2) 每只眼睛必须只能观察像对的一张像片,即双眼观察像对时必须保持两眼只能对一张像片观察,这一条件称为分像条件;

　　(3) 两像片上相同景物(同名像点)的连线与眼睛基线大致平行;

　　(4) 两像片的比例尺相近(差别<15%),否则需用 ZOOM 系统等进行调节。

　　以上四个条件,第一条是应在摄影中得到满足(像片重叠),第三条是人眼观察中生理方面的要求,不满足第三条,则左右影像上下错开,错开太大不能形成立体。而第二条是在观察时要强迫两眼分别只看一张像片,得到立体视觉,这与人们日常观察景物时眼睛的交会本能习惯不符,违背了人眼的凝视本能,因此直接观测需要有一个训练过程。为了便于观察,人们常常采用某种措施来帮助完成人造立体应具备的条件,以改善眼的视觉能力。

## 4.1.3　人造立体视觉效应

　　人造立体观察,不但可以提高立体测图的精度,还可以测出物体的空间位置,是摄影测量中重要的方法和手段。在满足人造立体视觉四个条件的基础上,为了获得更好的立体效果和更高的测量精度,将两张像片按照三种不同放置方式,产生三种立体效应,分别是正立体、反立体和零立体效应。立体效应的转换,应根据观测的需要灵活选用。

### 1. 正立体效应

　　正立体效应就是立体观测得到的与实际地物相似的立体效果,是大多数情况下立体观测采用的方法。即将左方拍摄得到的像片放左边,用左眼观察;右方拍摄的像片放在右边,用右眼观察,这样得到的立体效应就是正立体效应(图 4-4(a))。正立体效应产生的生理视差与人眼看实物产生的生理视差符号相同,因此所看到模型的远近与实物的远近是相同的。目前一般情况下多采用直观的正立体效应。

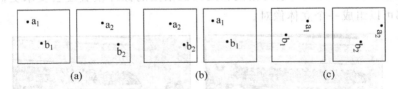

**图 4-4　人造立体视觉效应**

(a) 正立体效应;(b) 反立体效应;(c) 零立体效应

### 2. 反立体效应

　　反立体效应与正立体效应放置像片的方式相反,即左方摄站拍摄的像片放在右边,用右眼观测,而右方摄站拍摄的像片放到左边,用左眼观测,这样得到的立体效应就是反立体效应(图 4-4(b))。反立体效应产生的生理视差与人眼直接观察实物产生的生理视差符号相反,这样就导致了实地高山变成了深坑,实地深坑挺拔出来变成山峰。正反立体效应交替进行观察,可以检查和提高立体测量的精度。

### 3. 零立体效应

零立体效应是基于人眼测量左右视差的精度高于上下视差,将上下视差转换成左右视差,以提高观察的精度。具体操作方法是:将正立体情况下的两张像片,在各自的平面内按同一方向旋转 90°,使像片的纵横坐标互换方向(图 4-4(c))。由于人眼观察左右视差的精度高于上下视差,零立体效应可提高观测的精度。

## 4.2　立体像对

双像立体测图,是指利用一个立体像对(即在相邻两摄站点对同一地面景物摄取有一定影像重叠的两张像片)重建地面立体几何模型,并对该几何模型进行量测,直接给出符合规定比例尺的地形图或建立数字地面模型等。使用一个立体像对构建地面立体模型的方法也称为立体摄影测量。

### 1. 立体像对

摄影测量中无论是立体观测还是立体量测的对象都不是单独的一张像片,而是具有一定航向重叠度(一般 60% 左右,无人机像对可达到 80% 以上)的立体像对,也就是同一航带的两张相邻的航片。立体像对是由不同摄站获取的具有一定影像重叠度的两张像片,由于立体像对具有重叠影像,因此在立体观察系统中就可构成立体模型,进行立体观察、解译和测绘。

立体像对可分为航摄立体像对、地面立体像对和卫星立体像对。航摄立体像对由飞机上的航摄仪沿航线定时启动快门拍摄而成;地面立体像对是由地面对同一地物从摄影基线两端拍摄而成;卫星立体像对一般是在地球高纬度地区,由地球资源技术卫星轨道大部分重叠的情况下获得的,对于中、低纬度地区,也可由人工形成卫星立体像对。本书主要介绍航摄立体像对相关的概念和原理,图 4-5 为航摄立体像对。在航摄过程中要求相邻两张像片的航向重叠度在 60% 以上,数码相机和无人机拍摄的像片重叠度会要求更高,任意两张相邻像片都可以组成一个立体像对。

**图 4-5　航摄立体像对**

立体像对是同一航带相邻两摄站拍摄的影像，影像的航向重叠度和旁向重叠度都有具体要求，光学的立体像对有 18cm 和 13cm 两种边长，现在一般都是用数码相机拍摄航摄像对。立体像对首先要判断拍摄时的左右位置，也就是确定左右片，判断依据主要是像对中重叠地物的位置，这是立体观测的第一步。

### 2. 立体像对的点、线、面

立体摄影测量也称双像测图，是由两个相邻摄站所摄取的具有一定重叠度的一对像片对为量测单元。前面曾叙述了单张像片上的主要点、线、面，对于立体像对来说，也有一些特殊的点、线、面。

一对具有一定重叠度的立体像对，在摄影瞬间有如图 4-6 所示的几何关系存在。$S_1$、$S_2$ 分别为左像片 $P_1$ 和右像片 $P_2$ 的摄影中心。两摄影中心的连线 B 称为摄影基线，$O_1$、$O_2$ 分别为左右像片的像主点。$a_1$、$a_2$ 为地面上任一点 A 在左右像片上的构像，称为同名像点。射线 $AS_1a_1$ 和 $AS_2a_2$ 称为同名光线。通过摄影基线 $S_1S_2$ 与任一地面点 A 所作的平面 $W_A$ 称为 A 点的核面，包含摄影基线与地面上任意一点组成的平面称为该地面点的核面。若同名光线都在核面内，则同名光线必然对对相交。核面与像片面的交线称为核线。对于同一核面的左、右像片的核线，如 $k_1a_1$、$k_2a_2$ 称为同名核线。显然，$k_1$、$k_2$ 亦是摄影基线的延长线与左、右像片面的交点，称为核点。在倾斜像片上核线都会聚于核点。通过像主点的核面称为主核面。一般情况下，通过左、右像片主点的两个主核面不重合，分别称为左主核面和右主核面。通过像底点的核面称为垂核面。因为左、右像片的底点与摄影基线 B 位于同一核面内，左右垂核面一般重合，所以一个像对只有一个垂核面。

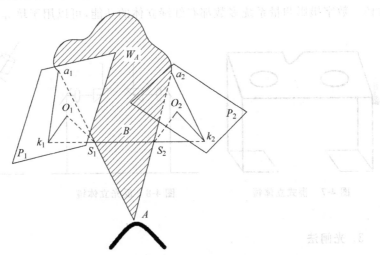

**图 4-6　立体像对的点、线和面**

# 4.3　立体像对的观测

摄影测量中像对的立体观测方法从简单的人眼直接观测（需要特殊训练）、立体镜法到互补色法、光闸法，其实现的立体效果越来越好，人眼也能在最短的时间适应立体状态。

### 1．立体镜法

人造立体的条件就是必须让两只眼睛分别只看像对的左、右像片，为了实现这一要求，最简单的方法就是在两只眼睛之间放置一个隔板，机械地使两眼分别观察左右像片，这种方法存在的弊端是眼睛容易疲劳而且观察的视野有限。为了达到更好的观测效果可以使用立体镜来观察像片，借助左右两个立体镜实现分像，可以使一只眼睛清晰地只看一张像片的影像，这种立体镜称为桥式立体镜，如图4-7所示。有些立体镜在左右光路中各加入一个反光镜起扩大像片间距和放大像幅的作用，其立体观察效果更好，这种立体镜称为反光立体镜，如图4-8所示。

用立体镜观察立体的时候，存在竖直方向的夸大，地形起伏变大，这种变形有利于对地表高差的判识，能够较好地反映地表地形的变化趋势。

### 2．互补色法

光谱中两种色光混合在一起称为白光，这两种色光称为互补色光。常用的互补色是红色和绿色，如图4-9所示。将一对透明的像片分别放置于仪器的左、右投影器内，在左投影器中插入红色滤光片，投影在承影面上的影像为红色影像。右方投影器中插入绿色滤光片，在承影面上的影像是绿色的。观察者带上左绿右红的眼镜进行观察时，由于红色镜片只透过红色光，绿色光被吸收，所以左边红色镜片只能看到左边的红色影像，而看不到右边的绿色影像。同理，右边的绿色镜片也只能看到右边的绿色影像，看不到左边的红色影像。从而达到了左眼看左片，右眼看右片的分像目的，可以观察到立体效果，这种立体效果称为红绿立体。数字摄影测量系统多数都有红绿立体的功能，可以用于培养立体感觉。

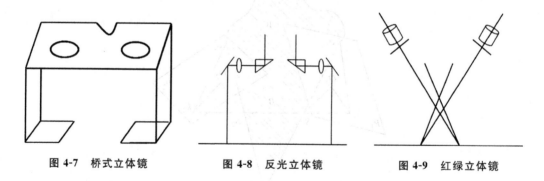

图4-7　桥式立体镜　　　　图4-8　反光立体镜　　　　图4-9　红绿立体镜

### 3．光闸法

光闸法立体观察，是在投影的光线中安装光闸。两个光闸相互错开，即一个打开，另一个就关闭，交替开关。人在观察时要带上与投影器中光闸开闭同步的光闸眼镜，这样人眼就能达到一只眼睛只看一张像片的效果。由于影像在人眼中的构像能保持0.15s的视觉暂留，因此光闸法的开关频率只要10次/s，人眼的影像就会连续构成立体视觉。目前数字摄影测量系统实现立体观察的方法很大程度上借鉴光闸法。

## 4.4　模拟立体测图

### 4.4.1　模拟立体测图原理

　　模拟摄影测图是在室内利用光学的或机械的方法模拟摄影过程,恢复摄影时像片的空间方位、姿态和相互关系,建立实地的缩小模型,即摄影过程的几何反转,再在该模型的表面进行测量。该方法主要依赖于摄影测量内业测量设备,研究的重点主要放在仪器的研制上。

　　在模拟立体测图仪上要恢复像片对摄影光束的空间方位及像片的空间方位,通过内定向、相对定向和绝对定向完成。在模拟测图仪上测图时,首先将两像片分别放在测图仪的投影器内,且使两像片主点分别与两像片托盘的主点重合,并安置摄影时的主距,这就恢复了摄影时的内方位元素,也称为内定向;模拟法立体测图中像对的相对定向是在模拟立体测图仪上进行的,它不是用计算的方法解求相对定向元素值的大小,而是通过移动测图仪上投影器的有关螺旋,使得同名光线对对相交,这种相对定向方法的特点是只要所有同名光线对对相交形成一个几何模型,必然恢复了两像片的相对位置;完成像片对的相对定向后,就建立了一个与实地相似但空间方位和比例大小都是任意的立体模型。为了在立体模型上获取正射投影的地形图,还需要将该模型纳入地面摄影测量坐标系并将模型大小归化为测图比例尺,这一过程称为立体模型的绝对定向。完成上述过程后,对所建立起的几何模型进行地物、地貌的量测。如果保持某一高度不变,立体观察时测标沿立体模型移动,所得到的就是该高程的等高线线画图。图 4-10 描述的是模拟摄影测量的几何过程。

立体像对　　　相对定向　　几何模型　　　绝对定向　　　实际地面

**图 4-10　模拟摄影测量**

### 4.4.2　模拟立体测图仪

　　模拟立体测图仪一般采用像点读数精度为 $1\mu\mathrm{m}$ 的立体坐标量测仪,称为精密模拟立体测图仪。这类仪器一般都是国外生产的,如德国蔡司公司生产的 Stecometer,德国欧波公司生产的 PSK 系列,它们的结构各有特点,但是功能基本相同。模拟测图仪大多附带一个型号进行区别,便于称呼,如 C8、B8S、A10、托普卡(Topocart)B、C 等。

　　模拟测图仪按其投影方式可分为三类:光学投影类,立体像对的同名射线由光线来体现;机械投影类,立体像对的同名射线由机械倒杆体现;光学机械类,立体像对的同名光线,在像方和物方部分分别由光线和机械导杆来体现。按交会方式不同,模拟测图仪可分为直接交会和间接交会两种。

　　模拟测图仪的总体结构一般可分为投影系统、观测系统、绘图系统与外围设备四大部分。投影系统由投影镜像、安片框、导杆与照明设备组成,用于建立地面立体模型;观测系统由观察系统与测量系统组成,包括对建立的立体模型进行观察与测量的光学系统和机械部件;绘图系统是根据立体测量结果进行绘图的部件,最简单的绘图系统是用一个小测量台放在绘图桌上绘图;外围设备是为了扩大测图仪的功能,并提高工作效率。

随着计算机技术的发展,模拟测图仪已经被数字摄影测量仪取代,但是模拟测图仪在摄影测量的发展中有着举足轻重的作用,下面介绍几种主要的模拟测图仪。

### 1. 多倍投影测图仪

多倍投影测图仪是光学投影类直接交会的模拟测图仪,它装备有 3 个、6 个、9 个甚至更多的投影器。在仪器上装备多个投影器是为了建立航带模型,进行模拟法空中三角测量,加密测图所需要的控制点。自从利用计算机进行解析法空中三角测量以后,多倍投影测图仪主要用于测图,一般只用两个或三个投影器建立单模型或双模型测图。多倍投影测图仪按投影器物镜像场角的不同,可分为常角($2\beta=60°$)、宽角($2\beta=95°$)和特宽角($2\beta=122°$)三种。为了使用起来轻便,投影器主距和用于投影的像片都是根据相应像场角的航空摄影机和航摄像片按一定比例缩小的。

多倍投影测图仪主要由座架、投影器和测绘台组成,在全套仪器中附有缩小仪、跨水准仪、互补色眼镜和电源控制箱等,如图 4-11 所示。

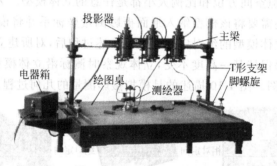

图 4-11　多倍投影测图仪

### 2. B8S 型立体测图仪

瑞士威尔特厂生产的 B8S 型立体测图仪属于机械类空间型模拟测图仪(图 4-12)。整个仪器安装在稳固的木桌上,木桌中间嵌入一块大理石的绘图桌面,另外有线性缩放仪等。

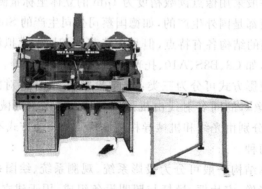

图 4-12　B8S 型立体测图仪

B8S 型立体测图仪的同名投影光线用空间导杆来体现,采用机械投影类的直接交会方式。其投影系统由承片框与导杆组成,承片最大像幅为 23cm×23cm,上面有灯泡照明。观测系统是由双筒式光学系统与测绘台组成。测绘部分是一个测绘台,放在大理石桌面上,由测绘人员手工移动操作。绘图系统由外接图板与线性缩放仪组成,其中线性缩放仪与测绘台相连。

B8S 型立体测图仪由于使用原始尺寸的摄影资料测图,因此精度比多倍投影测图仪提高很多,可用于测绘大、中比例尺地形图,成图比例尺可比摄影比例尺放大 3～5 倍。

### 3．A10 型立体测图仪

A10 型立体测图仪是瑞士威尔特生产的一级精度仪器,比 B8S 型精度更高,可用于测绘大、中比例尺地形图,成图比例尺能比摄影比例尺放大 5 倍(图 4-13)。A10 型立体测图仪是采用机械投影类的间接交会模拟测图仪,适用于主距为 85～305mm 的所有摄影资料。测图像幅为 23cm×23cm,除可测航摄像片外,还可处理地面摄影资料。它有专门的绘图桌,还可与电子绘图桌、EK-22 坐标记录装置相连,并备有地球曲率与大气折光改正装置。

图 4-13　A10 型立体测图仪

# 习题

1．什么是天然立体视觉?什么是人造立体视觉?

2．人造立体视觉必须符合自然立体观察的哪些条件?

3．立体像对有哪些特殊的点、线和面?

4．简述建立体模型的步骤。

5．什么是模拟立体测图?它具有什么特点?

# 第  5 章

# 双像解析摄影测量

## 5.1 双像解析概述

由两相邻摄影站摄取的，具有一定航向重叠度的一对像片，称为立体像对（或简称像对）。由于利用单张像片不能唯一确定被摄物体的空间位置，在单张像片的内、外方位元素已知的条件下，它也只能确定被摄物体点的摄影方向线。要确定被摄物体点的空间位置，必须利用立体像对，构成立体模型来确定被摄物体的空间位置。按照立体像对与被摄物体的几何关系，以数学计算方式，通过计算机求解被摄物体的三维空间坐标，称为双像解析摄影测量。

为什么一定要进行双像解析呢？这是因为单张像片解析一般只能确定投影中心、像点和地面点的方向，也就是过这三点的直线方向，而无法确定地面点的具体位置。要唯一确定一个地面点必须要有两条相交的空间直线，那么就需要相邻的两张像片，提供两条相交于地面点的直线，确定地面点的位置。

在同一航带，相邻两摄站点拍摄的具有一定重叠度的像片对，在摄影瞬间具有如图 5-1 所示的几何关系。图中 $S_1$ 和 $S_2$ 称为摄站点，地面点 $A$ 向不同摄站的投射光线 $AS_1$ 和 $AS_2$ 称为同名光线，同名光线分别与两像片平面的交点 $a_1$ 和 $a_2$ 称为同名像点，即地面点 $A$ 分别在两张像片上的构像。

根据立体像对的内在几何特性和像点构成的几何关系，用数学计算方式求解物点的三维空间坐标的方法有以下三种。

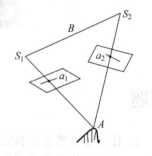

**图 5-1　相邻摄站摄影瞬间示意图**

（1）用单张像片的空间后方交会与立体像对的前方交会方式求解物点的三维空间坐标。这种方法分为两步，即先根据已知控制点坐标，采用后方交会的方法分别求解像对的 12 个外方位元素，然后根据求得的两像片的外方位元素，按照前方交会公式计算像对内其他所有点的三维坐标，从而建立数学模型。

（2）用相对定向和绝对定向方法求解地面点的三维空间坐标。这种方法是根据同名光线对对相交的原理，用模型基线取代摄影基线，建立一个缩小的与地面相似的几何模型，然后再对这个模型进行平移、旋转和缩放的绝对定向。将立体模型的模型点坐标纳入规定的坐标系中，并规划为规定的比例尺，以确定立体像对内所有地面点的三维坐标。

（3）采用光束法求解地面点三维坐标。这种方法是把待求的地面点和已知点坐标,按照共线条件方程,用连接点条件和控制点条件同时列出误差方程式,统一进行平差计算,以求得地面点的三维坐标。这种方法理论上较为严密,但计算量很大,是前两种方法的一个综合。

# 5.2　空间后方交会和空间前方交会

## 5.2.1　空间后方交会

用解析法处理立体像对的时候,可利用单张像片的空间后方交会与双像前方交会求解地面点的三维坐标。先用空间后方交会分别求解出相邻两张像片的外方位元素,再利用空间前方交会公式计算地面点坐标,前后方交会相结合构建一个完整的数学模型。

### 1. 空间后方交会的基本原理和公式

利用航摄像片上三个以上像点坐标和对应地面点坐标,计算像片外方位元素的工作,称为单张像片的空间后方交会。进行空间后方交会的数学模型是共线方程,即中心投影的构线方程式:

$$x = -f\frac{a_1(X-X_S)+b_1(Y-Y_S)+c_1(Z-Z_S)}{a_3(X-X_S)+b_3(Y-Y_S)+c_3(Z-Z_S)}$$

$$y = -f\frac{a_2(X-X_S)+b_2(Y-Y_S)+c_2(Z-Z_S)}{a_3(X-X_S)+b_3(Y-Y_S)+c_3(Z-Z_S)}$$

式中,$x,y$ 为地面点的像点坐标,可通过普通测量方法得到,或通过坐标变换求得。$f$ 为摄影主距,可从摄影机鉴定表中获取。为此共线方程的未知数就只有 6 个外方位元素。由于 1 个已知点可列出 2 个方程式,如果有 3 个不在一条直线上的已知点,就可列出 6 个独立的方程式,求解 6 个外方位元素。但是共线方程的方程式是非线性函数,不便于计算机迭代计算,为此,要由严密公式推导出一次项近似公式,即变为线性函数,这就是常提到的非线性函数的线性化问题。通常的做法是将非线性函数按泰勒级数展开至一次项。

当采用 $\varphi, \omega, \kappa$ 系统时转化为下面的形式:

$$\left. \begin{aligned} x &= (x) + \frac{\partial x}{\partial X_S}\mathrm{d}X_S + \frac{\partial x}{\partial Y_S}\mathrm{d}Y_S + \frac{\partial x}{\partial Z_S}\mathrm{d}Z_S + \frac{\partial x}{\partial \varphi}\mathrm{d}\varphi + \frac{\partial x}{\partial \omega}\mathrm{d}\omega + \frac{\partial x}{\partial \kappa}\mathrm{d}\kappa \\ y &= (y) + \frac{\partial y}{\partial X_S}\mathrm{d}X_S + \frac{\partial y}{\partial Y_S}\mathrm{d}Y_S + \frac{\partial y}{\partial Z_S}\mathrm{d}Z_S + \frac{\partial y}{\partial \varphi}\mathrm{d}\varphi + \frac{\partial y}{\partial \omega}\mathrm{d}\omega + \frac{\partial y}{\partial \kappa}\mathrm{d}\kappa \end{aligned} \right\} \tag{5-1}$$

式(5-1)中$(x)$、$(y)$为函数近似值,$\mathrm{d}X_S,\mathrm{d}Y_S,\mathrm{d}Z_S,\mathrm{d}\varphi,\mathrm{d}\omega,\mathrm{d}\kappa$ 为 6 个外方位元素的改正数。它们的系数为函数的偏导数,需要进行推导。

下面进行系数的求解。为了方便书写,把共线方程中的分子、分母按下式表达:

$$\left. \begin{aligned} \overline{X} &= a_1(X-X_S)+b_1(Y-Y_S)+c_1(Z-Z_S) \\ \overline{Y} &= a_2(X-X_S)+b_2(Y-Y_S)+c_2(Z-Z_S) \\ \overline{Z} &= a_3(X-X_S)+b_3(Y-Y_S)+c_3(Z-Z_S) \end{aligned} \right\} \tag{5-2}$$

则共线方程简化为

$$
\left.
\begin{aligned}
x &= -f\,\frac{\overline{X}}{\overline{Z}} \\
y &= -f\,\frac{\overline{Y}}{\overline{Z}}
\end{aligned}
\right\}
\tag{5-3}
$$

于是式(5-2)中各系数为

$$
\left.
\begin{aligned}
a_{11} &= \frac{\partial x}{\partial X_S} = -f\,\frac{\dfrac{\partial \overline{X}}{\partial X_S}\overline{Z} - \dfrac{\partial \overline{Z}}{\partial X_S}\overline{X}}{(\overline{Z})^2} = -f\,\frac{-a_1\overline{Z} + a_3\overline{X}}{(\overline{Z})^2} = \frac{1}{\overline{Z}}(a_1 f + a_3 x) \\
a_{12} &= \frac{\partial x}{\partial Y_S} = \frac{1}{\overline{Z}}(b_1 f + b_3 x) \\
a_{13} &= \frac{\partial x}{\partial Z_S} = \frac{1}{\overline{Z}}(c_1 f + c_3 x) \\
a_{21} &= \frac{\partial y}{\partial X_S} = \frac{1}{\overline{Z}}(a_2 f + a_3 y) \\
a_{22} &= \frac{\partial y}{\partial Y_S} = \frac{1}{\overline{Z}}(b_2 f + b_3 y) \\
a_{23} &= \frac{\partial y}{\partial Z_S} = \frac{1}{\overline{Z}}(c_2 f + c_3 y)
\end{aligned}
\right\}
\tag{5-4}
$$

另外,有:

$$
\left.
\begin{aligned}
a_{14} &= \frac{\partial x}{\partial \varphi} = -\frac{f}{(\overline{Z})^2}\left(\frac{\partial \overline{X}}{\partial \varphi}\overline{Z} - \frac{\partial \overline{Z}}{\partial \varphi}\overline{X}\right) \\
a_{15} &= \frac{\partial x}{\partial \omega} = -\frac{f}{(\overline{Z})^2}\left(\frac{\partial \overline{X}}{\partial \omega}\overline{Z} - \frac{\partial \overline{Z}}{\partial \omega}\overline{X}\right) \\
a_{16} &= \frac{\partial x}{\partial \kappa} = -\frac{f}{(\overline{Z})^2}\left(\frac{\partial \overline{X}}{\partial \kappa}\overline{Z} - \frac{\partial \overline{Z}}{\partial \kappa}\overline{X}\right) \\
a_{24} &= \frac{\partial y}{\partial \varphi} = -\frac{f}{(\overline{Z})^2}\left(\frac{\partial \overline{Y}}{\partial \varphi}\overline{Z} - \frac{\partial \overline{Z}}{\partial \varphi}\overline{Y}\right) \\
a_{25} &= \frac{\partial y}{\partial \omega} = -\frac{f}{(\overline{Z})^2}\left(\frac{\partial \overline{Y}}{\partial \omega}\overline{Z} - \frac{\partial \overline{Z}}{\partial \omega}\overline{Y}\right) \\
a_{26} &= \frac{\partial y}{\partial \kappa} = -\frac{f}{(\overline{Z})^2}\left(\frac{\partial \overline{Y}}{\partial \kappa}\overline{Z} - \frac{\partial \overline{Z}}{\partial \kappa}\overline{Y}\right)
\end{aligned}
\right\}
\tag{5-5}
$$

根据式(5-2)有:

$$
\begin{bmatrix} \overline{X} \\ \overline{Y} \\ \overline{Z} \end{bmatrix}
= \begin{bmatrix} a_1 & b_1 & c_1 \\ a_2 & b_2 & c_2 \\ a_3 & b_3 & c_3 \end{bmatrix}
\begin{bmatrix} X - X_S \\ Y - Y_S \\ Z - Z_S \end{bmatrix}
= \boldsymbol{R}^{\mathrm{T}} \begin{bmatrix} X - X_S \\ Y - Y_S \\ Z - Z_S \end{bmatrix}
$$

$$
= \boldsymbol{R}_\kappa^{\mathrm{T}} \boldsymbol{R}_\omega^{\mathrm{T}} \boldsymbol{R}_\varphi^{\mathrm{T}} \begin{bmatrix} X - X_S \\ Y - Y_S \\ Z - Z_S \end{bmatrix}
= \boldsymbol{R}_\kappa^{-1} \boldsymbol{R}_\omega^{-1} \boldsymbol{R}_\varphi^{-1} \begin{bmatrix} X - X_S \\ Y - Y_S \\ Z - Z_S \end{bmatrix}
$$

所以

$$\frac{\partial \begin{bmatrix} \overline{X} \\ \overline{Y} \\ \overline{Z} \end{bmatrix}}{\partial \varphi} = \boldsymbol{R}_\kappa^{-1} \boldsymbol{R}_\omega^{-1} \frac{\partial \boldsymbol{R}_\varphi^{-1}}{\partial \varphi} \begin{bmatrix} X - X_S \\ Y - Y_S \\ Z - Z_S \end{bmatrix} = \boldsymbol{R}_\kappa^{-1} \boldsymbol{R}_\omega^{-1} \boldsymbol{R}_\varphi^{-1} \boldsymbol{R}_\varphi \frac{\partial \boldsymbol{R}_\varphi^{-1}}{\partial \varphi} \begin{bmatrix} X - X_S \\ Y - Y_S \\ Z - Z_S \end{bmatrix}$$

$$= \boldsymbol{R}^{-1} \boldsymbol{R}_\varphi \frac{\partial \boldsymbol{R}_\varphi^{-1}}{\partial \varphi} \begin{bmatrix} X - X_S \\ Y - Y_S \\ Z - Z_S \end{bmatrix}$$

由于

$$\boldsymbol{R}_\varphi^{-1} = \boldsymbol{R}_\varphi^{\mathrm{T}} = \begin{bmatrix} \cos\varphi & 0 & \sin\varphi \\ 0 & 1 & 0 \\ -\sin\varphi & 0 & -\cos\varphi \end{bmatrix}$$

则

$$\boldsymbol{R}_\varphi \frac{\partial \boldsymbol{R}_\varphi^{-1}}{\partial \varphi} = \begin{bmatrix} \cos\varphi & 0 & -\sin\varphi \\ 0 & 1 & 0 \\ \sin\varphi & 0 & \cos\varphi \end{bmatrix} \begin{bmatrix} -\sin\varphi & 0 & \cos\varphi \\ 0 & 0 & 0 \\ -\cos\varphi & 0 & -\sin\varphi \end{bmatrix}$$

$$= \begin{bmatrix} 0 & 0 & 1 \\ 0 & 0 & 0 \\ -1 & 0 & 0 \end{bmatrix}$$

代入得:

$$\frac{\partial \begin{bmatrix} \overline{X} \\ \overline{Y} \\ \overline{Z} \end{bmatrix}}{\partial \phi} = \boldsymbol{R}^{-1} \begin{bmatrix} 0 & 0 & 1 \\ 0 & 0 & 0 \\ -1 & 0 & 0 \end{bmatrix} \begin{bmatrix} X - X_S \\ Y - Y_S \\ Z - Z_S \end{bmatrix} = \begin{bmatrix} a_1 & b_1 & c_1 \\ a_2 & b_2 & c_2 \\ a_3 & b_3 & c_3 \end{bmatrix} \begin{bmatrix} 0 & 0 & 1 \\ 0 & 0 & 0 \\ -1 & 0 & 0 \end{bmatrix} \begin{bmatrix} X - X_S \\ Y - Y_S \\ Z - Z_S \end{bmatrix}$$

$$= \begin{bmatrix} -c_1 & 0 & a_1 \\ -c_2 & 0 & a_2 \\ -c_3 & 0 & a_3 \end{bmatrix} \begin{bmatrix} X - X_S \\ Y - Y_S \\ Z - Z_S \end{bmatrix} = \begin{bmatrix} -c_1(X - X_S) + a_1(Z - Z_S) \\ -c_2(X - X_S) + a_2(Z - Z_S) \\ -c_3(X - X_S) + a_3(Z - Z_S) \end{bmatrix}$$

按相仿步骤得:

$$\frac{\partial \begin{bmatrix} \overline{X} \\ \overline{Y} \\ \overline{Z} \end{bmatrix}}{\partial \omega} = \boldsymbol{R}_\kappa^{-1} \frac{\partial \boldsymbol{R}_\omega^{-1}}{\partial \omega} \boldsymbol{R}_\varphi^{-1} \begin{bmatrix} X - X_S \\ Y - Y_S \\ Z - Z_S \end{bmatrix} = \boldsymbol{R}_\kappa^{-1} \frac{\partial \boldsymbol{R}_\omega^{-1}}{\partial \omega} \boldsymbol{R}_\omega \boldsymbol{R}_\kappa \boldsymbol{R}_\kappa^{-1} \boldsymbol{R}_\omega^{-1} \boldsymbol{R}_\varphi^{-1} \begin{bmatrix} X - X_S \\ Y - Y_S \\ Z - Z_S \end{bmatrix}$$

$$= \boldsymbol{R}_\kappa^{-1} \begin{bmatrix} 0 & 0 & 0 \\ 0 & 0 & 1 \\ 0 & -1 & 0 \end{bmatrix} \boldsymbol{R}_\kappa \boldsymbol{R}^{-1} \begin{bmatrix} X - X_S \\ Y - Y_S \\ Z - Z_S \end{bmatrix} = \begin{bmatrix} \overline{Z} \sin\kappa \\ \overline{Z} \cos\kappa \\ -\overline{X} \sin\kappa - \overline{Y} \cos\kappa \end{bmatrix}$$

以及

$$\frac{\partial \begin{bmatrix} \overline{X} \\ \overline{Y} \\ \overline{Z} \end{bmatrix}}{\partial \kappa} = \frac{\partial \boldsymbol{R}_\kappa^{-1}}{\partial \kappa} \boldsymbol{R}_\kappa \boldsymbol{R}_\kappa^{-1} \boldsymbol{R}_\omega^{-1} \boldsymbol{R}_\varphi^{-1} \begin{bmatrix} X - X_S \\ Y - Y_S \\ Z - Z_S \end{bmatrix}$$

$$= \begin{bmatrix} 0 & 1 & 0 \\ -1 & 0 & 0 \\ 0 & 0 & 0 \end{bmatrix} \boldsymbol{R}^{-1} \begin{bmatrix} X - X_S \\ Y - Y_S \\ Z - Z_S \end{bmatrix} = \begin{bmatrix} \overline{Y} \\ -\overline{X} \\ 0 \end{bmatrix}$$

将以上各偏导数代入式(5-5)，即可求得 $a_{14}, a_{15}, \cdots, a_{25}, a_{26}$ 等值为

$$a_{14} = \frac{\partial x}{\partial \varphi} = -\frac{f}{(\overline{Z})^2}\left(\frac{\partial \overline{X}}{\partial \varphi}\overline{Z} - \frac{\partial \overline{Z}}{\partial \varphi}\overline{X}\right)$$

$$= -\frac{f}{(\overline{Z})^2}\{[-c_1(X - X_S) + a_1(Z - Z_S)\overline{Z}] - [-c_3(X - X_S) + a_3(Z - Z_S)\overline{Z}]\overline{X}\}$$

$$= -\frac{f}{\overline{Z}}\left\{[-c_1(a_1\overline{X} + a_2\overline{Y} + a_3\overline{Z}) + a_1(c_1\overline{X} + c_2\overline{Y} + c_3\overline{Z})] - \right.$$

$$\left. \frac{\overline{X}}{\overline{Z}}[-c_3(a_1\overline{X} + a_2\overline{Y} + a_3\overline{Z}) + a_3(c_1\overline{X} + c_2\overline{Y} + c_3\overline{Z})]\right\}$$

$$= -\frac{f}{\overline{Z}}\left\{[\overline{Y}(a_1c_2 - a_2c_1) + \overline{Z}(a_1c_3 - a_3c_1)] - \frac{\overline{X}}{\overline{Z}}[\overline{X}(a_3c_1 - a_1c_3) + \overline{Y}(a_3c_2 - a_2c_3)]\right\}$$

$$= -\frac{f}{\overline{Z}}\left[(-b_3\overline{Y} + b_2\overline{Z}) + \frac{\overline{X}}{\overline{Z}}(b_2\overline{X} - b_1\overline{Y})\right]$$

$$= -f\left[-b_3\frac{\overline{Y}}{\overline{Z}} + b_2 + b_2\left(\frac{\overline{X}}{\overline{Z}}\right)^2 - b_1\frac{\overline{X}\,\overline{Y}}{(\overline{X})^2}\right]$$

$$= -f\left[\sin\omega\frac{y}{-f} + \cos\omega\cos\kappa + \cos\omega\cos\kappa\left(\frac{x}{-f}\right)^2 - \cos\omega\cos\kappa\frac{xy}{f^2}\right]$$

$$= y\sin\omega - \left[\frac{x}{y}(x\cos\kappa - y\sin\kappa)f\cos\kappa\right]\cos\omega$$

根据类似的方法有：

$$\left.\begin{array}{l} a_{15} = -\dfrac{\partial x}{\partial \omega} = -f\sin\kappa - \dfrac{x}{f}(x\sin\kappa + y\cos\kappa) \\[3mm] a_{16} = -\dfrac{\partial x}{\partial \kappa} = y \\[3mm] a_{24} = \dfrac{\partial y}{\partial \varphi} = -x\sin\omega - \left[\dfrac{y}{f}(x\cos\kappa - y\sin\kappa) - f\sin\kappa\right]\cos\omega \\[3mm] a_{25} = -\dfrac{\partial y}{\partial \omega} = -f\cos\kappa - \dfrac{y}{f}(x\sin\kappa + y\cos\kappa) \\[3mm] a_{26} = \dfrac{\partial y}{\partial \kappa} = -x \end{array}\right\} \quad (5\text{-}6)$$

各系数值进一步简化为

$$\left. \begin{array}{lll} a_{11} \approx -\dfrac{f}{H} & a_{12} \approx 0 & a_{13} \approx -\dfrac{x}{H} \\[3mm] a_{21} \approx 0 & a_{22} \approx -\dfrac{f}{H} & a_{23} \approx -\dfrac{y}{H} \\[3mm] a_{14} \approx -f\left(1+\dfrac{x^2}{f^2}\right) & a_{15} \approx -\dfrac{xy}{f} & a_{16} \approx y \\[3mm] a_{24} \approx -\dfrac{xy}{f} & a_{25} \approx -f\left(1+\dfrac{x^2}{f^2}\right) & a_{26} \approx -x \end{array} \right\} \tag{5-7}$$

将式(5-7)代入式(5-1)中得到共线方程的线性化形式:

$$\left. \begin{array}{l} x = (x) - \dfrac{f}{H}\mathrm{d}X_S - \dfrac{x}{H}\mathrm{d}Z_S - f\left(1+\dfrac{x^2}{f^2}\right)\mathrm{d}\varphi - \dfrac{xy}{f}\mathrm{d}\omega + y\mathrm{d}\kappa \\[3mm] y = (y) - \dfrac{f}{H}\mathrm{d}Y_S - \dfrac{y}{H}\mathrm{d}Z_S - \dfrac{xy}{f}\mathrm{d}\varphi - f\left(1+\dfrac{y^2}{f^2}\right)\mathrm{d}\omega - x\mathrm{d}\kappa \end{array} \right\} \tag{5-8}$$

式(5-8)是用共线方程计算外方位元素的实用公式,在求解外方位元素时就使用该公式计算系数。

### 2. 空间后方交会计算中的误差方程和法方程

利用式(5-8)求解外方位元素时,有 6 个未知数,至少需要 6 个方程,每一对像点和像点所对应的地面点可列出 2 个方程,因此,若有 3 个已知地面坐标控制点,则可列出 6 个方程,进行外方位元素的求解,测量中为了提高精度,常有多余观测方程。在空间后方交会中,一般是在像片的 4 个角上选取 4 个或更多的地面控制点,因此要采用最小二乘法平差计算。

在计算中,通常将控制点的地面坐标视为真值,而把相应的像点坐标视为观测值,加入相应的改正数 $V_x$,$V_y$,得 $x+V_x$,$y+V_y$,代入式(5-8)可列出每个点的误差方程式:

$$\left. \begin{array}{l} V_x = -\dfrac{f}{H}\mathrm{d}X_S - \dfrac{x}{H}\mathrm{d}Z_S - f\left(1+\dfrac{x^2}{f^2}\right)\mathrm{d}\varphi - \dfrac{xy}{f}\mathrm{d}\omega + y\mathrm{d}\kappa + (x) - x \\[3mm] V_y = -\dfrac{f}{H}\mathrm{d}Y_S - \dfrac{y}{H}\mathrm{d}Z_S - \dfrac{xy}{f}\mathrm{d}\varphi - f\left(1+\dfrac{y^2}{f^2}\right)\mathrm{d}\omega - x\mathrm{d}\kappa + (y) - y \end{array} \right\} \tag{5-9}$$

进一步简化为

$$\left. \begin{array}{l} V_x = a_{11}\mathrm{d}X_S + a_{12}\mathrm{d}Y_S + a_{13}\mathrm{d}Z_S + a_{14}\mathrm{d}\varphi + a_{15}\mathrm{d}\omega + a_{16}\mathrm{d}\kappa + l_x \\[3mm] V_y = a_{21}\mathrm{d}X_S + a_{22}\mathrm{d}Y_S + a_{23}\mathrm{d}Z_S + a_{24}\mathrm{d}\varphi + a_{25}\mathrm{d}\omega + a_{26}\mathrm{d}\kappa + l_y \end{array} \right\} \tag{5-10}$$

其中

$$\left. \begin{array}{l} l_x = x - (x) = x + f\dfrac{a_1(X-X_S)+b_1(Y-Y_S)+c_1(Z-Z_S)}{a_3(X-X_S)+b_3(Y-Y_S)+c_3(Z-Z_S)} \\[3mm] l_y = y - (y) = y + f\dfrac{a_2(X-X_S)+b_2(Y-Y_S)+c_2(Z-Z_S)}{a_3(X-X_S)+b_3(Y-Y_S)+c_3(Z-Z_S)} \end{array} \right\} \tag{5-11}$$

采用符号表示误差方程式(5-10)中各系数,即:

$$a_{11} = \dfrac{-f}{H}, \quad a_{12} = 0, \quad a_{13} = -\dfrac{x}{H}, \quad a_{14} = -f\left(1+\dfrac{x^2}{f^2}\right)$$

$$a_{15} = -\dfrac{xy}{f}, \quad a_{16} = y$$

$$a_{21} = 0, \quad a_{22} = -\dfrac{f}{H}, \quad a_{23} = -\dfrac{y}{H}, \quad a_{24} = -\dfrac{xy}{f}$$

$$a_{25} = -f\left(1 + \frac{y^2}{f^2}\right), \quad a_{26} = -x$$

假如观测了 $n$ 个像点，则可列出如下 $2n$ 个误差方程：

$$-V_{x1} = a_{11}dX_S + b_{11}dY_S + c_{11}dZ_S + d_{11}d\varphi + e_{11}d\omega + f_{11}d\kappa - l_{x1}$$

$$-V_{y1} = a_{21}dX_S + b_{21}dY_S + c_{21}dZ_S + d_{21}d\varphi + e_{21}d\omega + f_{21}d\kappa - l_{y1}$$

$$\vdots$$

$$-V_{xn} = a_{1n}dX_S + b_{1n}dY_S + c_{1n}dZ_S + d_{1n}d\varphi + e_{1n}d\omega + f_{1n}d\kappa - l_{xn}$$

$$-V_{yn} = a_{2n}dX_S + b_{2n}dY_S + c_{2n}dZ_S + d_{2n}d\varphi + e_{2n}d\omega + f_{2n}d\kappa - l_{yn}$$

上式用矩阵形式表达为

$$\boldsymbol{V} = \boldsymbol{AX} - \boldsymbol{L} \tag{5-12}$$

式中，

$$\boldsymbol{V} = (V_{x1} \quad V_{y1} \quad \cdots \quad V_{xn} \quad V_{yn})^{\mathrm{T}}$$

$$\boldsymbol{A} = \begin{bmatrix} a_{11} & b_{11} & c_{11} & d_{11} & e_{11} & f_{11} \\ a_{21} & b_{21} & c_{21} & d_{21} & e_{21} & f_{21} \\ \vdots & \vdots & \vdots & \vdots & \vdots & \vdots \\ a_{1n} & b_{1n} & c_{1n} & d_{1n} & e_{1n} & f_{1n} \\ a_{2n} & b_{2n} & c_{2n} & d_{2n} & e_{2n} & f_{2n} \end{bmatrix}$$

$$\boldsymbol{X} = (dX_S \quad dY_S \quad dZ_S \quad d\varphi \quad d\omega \quad d\kappa)^{\mathrm{T}}$$

$$\boldsymbol{L} = (l_{x1} \quad l_{y1} \quad \cdots \quad l_{xn} \quad l_{yn})^{\mathrm{T}}$$

根据平差原理，法方程如下：

$$\boldsymbol{A}^{\mathrm{T}}\boldsymbol{AX} = \boldsymbol{A}^{\mathrm{T}}\boldsymbol{L} \tag{5-13}$$

式中没有考虑观测值的权矩阵，对所有像点的观测一般认为是等精度测量，则权矩阵为单位矩阵，因此得到未知数的表达式为

$$\boldsymbol{X} = (\boldsymbol{A}^{\mathrm{T}}\boldsymbol{A})^{-1}\boldsymbol{A}^{\mathrm{T}}\boldsymbol{L} \tag{5-14}$$

式中，矩阵 $\boldsymbol{X}$ 正是外方元素的改正数：$dX_S, dY_S, dZ_S, d\varphi, d\omega, d\kappa$。

### 3. 后方交会的计算步骤

后方交会的计算就是一个迭代趋近的过程，计算量非常大，计算机中循环语句特别适合后方交会的编程，因此后方交会多采用计算机编程的方法来实现，下面介绍空间后方交会的计算过程：

（1）获取已知数据：从影像资料中查取平均航高与摄影机主距；从外业测量中获取地面控制点的地面测量坐标，再转换为地面摄影测量坐标。

（2）已知控制点所对应的像点坐标测量：利用立体坐标量测仪，测量控制点所对应的像点坐标。

（3）未知数的初始值：一般情况下航空摄影测量都是近似竖直摄影，像片上的控制点大体对称分布，未知数的初始值按如下方法确定：

$$Z_S^0 = H = mf, \quad X_S^0 = \frac{1}{n}\sum_{i=1}^{n}X_i, \quad Y_S^0 = \frac{1}{n}\sum_{i=1}^{n}Y_i, \quad \varphi^0 = \omega^0 = \kappa^0 = 0$$

其中，$m$ 为摄影比例尺；$n$ 为已知控制点个数。

（4）计算旋转矩阵 $R$：利用角元素近似值按式(3-14)计算方向余弦值，构成 $R$ 矩阵。

（5）逐点计算像点坐标的近似值：按照外方位元素的近似值建立共线方程，根据已知控制点坐标反算像点坐标的近似值 $(x,y)$。

（6）逐点计算每个点的常数项 $l_x,l_y$：由像点的观测值和近似值之差，根据式(5-11)计算各个点的常数项。

（7）组成误差方程：根据式(5-9)逐点计算误差方程的系数，并按式(5-12)构成误差方程式。

（8）组成法方程：计算系数矩阵 $A^{-1}A$ 与常数项 $A^{\mathrm{T}}L$。

（9）求解外方位元素的改正数：根据法方程的求解公式(5-14)，求出本次迭代的改正数 $\mathrm{d}X_S^K,\mathrm{d}Y_S^K,\mathrm{d}Z_S^K,\mathrm{d}\varphi^K,\mathrm{d}\omega^K,\mathrm{d}\kappa^K$。

（10）计算外方位元素的新值：用前次迭代取得的近似值，加本次迭代取得的改正数，计算外方位元素的新值：

$$X_S^K = X_S^{K-1} + \mathrm{d}X_S^K, \quad Y_S^K = Y_S^{K-1} + \mathrm{d}Y_S^K$$
$$Z_S^K = Z_S^{K-1} + \mathrm{d}Z_S^K, \quad \varphi^K = \varphi^{K-1} + \mathrm{d}\varphi^K$$
$$\omega^K = \omega^{K-1} + \mathrm{d}\omega^K, \quad \kappa^K = \kappa^{K-1} + \mathrm{d}\kappa^K$$

（11）将求得的外方位元素的改正数与规定的限差进行比较（这个限差通常指 3 个角元素的改正数小于 $0.1''$），若 3 个角元素的改正数 $\Delta\varphi^K,\Delta\omega^K,\Delta\kappa^K$ 均小于限差，则迭代结束；若大于限差则用未知数的新值作为近似值，重复计算步骤(4)～(10)，直到满足要求为止。

后方交会由于涉及矩阵的求逆和矩阵相乘等运算，计算量庞大，必须借助计算机的强大计算功能，通过计算机高级语言编程来实现。图 5-2 就是计算后方交会的流程图。

**4．空间后方交会的精度**

可以通过法方程系数矩阵求逆的方法求解各未知点的精度，解出相应的权倒数 $Q_{ii}$ 后，乘以单位权中误差，即可得到未知数的中误差：

$$m_i = \sigma_0 \sqrt{\frac{1}{p_i}} = \sigma_0 \sqrt{Q_{ii}} \tag{5-15}$$

式中，$\sigma_0$ 为单位权中误差；$p_i$ 为第 $i$ 个未知数的权；$Q_{ii}$ 则为第 $i$ 个未知数的权倒数。

根据测量平差原理，可以知道单位权中误差为

$$\sigma_0 = \pm\sqrt{\frac{[VV]}{2n-6}} \tag{5-16}$$

其中，$n$ 为观测的像点个数，$2n-6$ 为多余观测数（求 6 个外方位元素，因此有 6 个未知数）；$V$ 为像点坐标的观测值与计算值之差。

## 5.2.2　空间前方交会

利用单张像片的空间后方交会求解像片的外方位元素后，用单张像片上的像点坐标反求相对应的地面点坐标，仍然是不可能的，根据单个像点及其相应像片的外方位元素只能确定地面点所在的空间方向。只有求解相邻两像片（像对）的外方位元素后，利用相邻立体像对上的同名像点得到两条同名光线，这两条同名光线相交，交点就是像点所对应地面点的空间位置。这一原理也可以从中心共线方程推出，要求解地面点 $A$ 坐标 $X_A,Y_A,Z_A$，如图 5-3

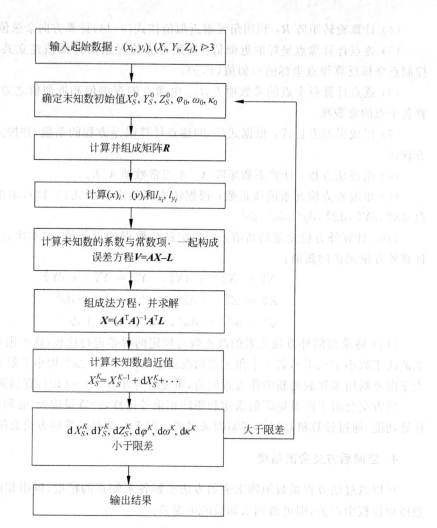

图 5-2　后方交会流程图

流程框内文字：

输入起始数据：$(x_i, y_i)$，$(X_i, Y_i, Z_i)$，$l>3$

确定未知数初始值 $X_S^0, Y_S^0, Z_S^0, \varphi_0, \omega_0, \kappa_0$

计算并组成矩阵 $\boldsymbol{R}$

计算$(x)_i$，$(y)_i$和$l_{x_i}$，$l_{y_i}$

计算未知数的系数与常数项，一起构成误差方程 $\boldsymbol{V}=\boldsymbol{AX}-\boldsymbol{L}$

组成法方程，并求解 $\boldsymbol{X}=(\boldsymbol{A}^{\mathrm{T}}\boldsymbol{A})^{-1}\boldsymbol{A}^{\mathrm{T}}\boldsymbol{L}$

计算未知数趋近值 $X_S^K = X_S^{K-1} + \mathrm{d}X_S^K + \cdots$

$\mathrm{d}X_S^K, \mathrm{d}Y_S^K, \mathrm{d}Z_S^K, \mathrm{d}\varphi^K, \mathrm{d}\omega^K, \mathrm{d}\kappa^K$ 小于限差 （大于限差）

输出结果

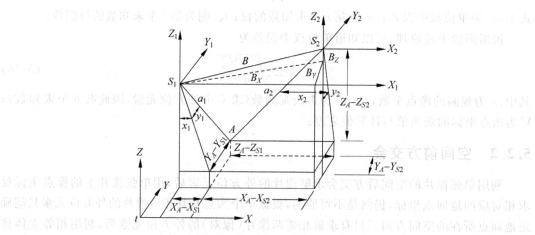

图 5-3　立体像对空间前方交会

所示,由其在同一张像片上的像点坐标 $x_i,y_i$ 和像片的内、外方位元素,只能列出 2 个方程,而使用立体像对上两同名像点的坐标 $x_1,y_1,x_2,y_2$ 和两张像片的外方位元素,可列出 4 个方程,从而求出 3 个未知数。这种由立体像对中两张像片的内、外方位元素和像点坐标来确定相应地面点的地面坐标的方法,称为空间前方交会。空间前方交会用数学的方式描述了立体像对与所摄地面间的几何关系,它与后方交会一起构成了一个完整的由像点求解地面点坐标的数学模型。

过左、右摄站点 $S_1$ 和 $S_2$ 分别作一像空间辅助坐标 $S_1\text{-}X_1Y_1Z_1$ 和 $S_2\text{-}X_2Y_2Z_2$,使坐标系的轴向分别保持与地面摄影空间直角坐标系的轴向平行,此时三个坐标系轴向彼此平行,只是坐标系原点不同。左摄站点 $S_1$ 在 $t\text{-}XYZ$ 中的坐标为 $X_{S1},Y_{S1},Z_{S1}$,右摄站点 $S_2$ 在 $t\text{-}XYZ$ 坐标系中的坐标为 $X_{S2},Y_{S2},Z_{S2}$。两摄站点的坐标差就是摄影基线 $B$ 在该坐标系中的基线分量,即 $B_X=X_{S2}-X_{S1},B_Y=Y_{S2}-Y_{S1},B_Z=Z_{S2}-Z_{S1}$。地面点 $A$ 在 $t\text{-}XYZ$ 坐标系中的坐标 $X_A,Y_A,Z_A$,其相应像点 $a_1$ 和 $a_2$ 在像空间坐标系 $S_1\text{-}x_1y_1z_1$ 和 $S_2\text{-}x_2y_2z_2$ 中的坐标分别为 $x_1,y_1,-f$ 和 $x_2,y_2,-f$(注意,相同的摄影机,主距 $f$ 相同)。而像点 $a_1$ 和 $a_2$ 分别在像空间辅助坐标系 $S_1\text{-}X_1Y_1Z_1$ 和 $S_2\text{-}X_2Y_2Z_2$ 中的坐标为 $X_1,Y_1,Z_1$ 和 $X_2,Y_2,Z_2$。在后方交会中像片的外方位元素都已经求出,因此,可根据角元素实现像空间坐标与像空间辅助坐标之间的变换,即:

$$\begin{bmatrix} X_1 \\ Y_1 \\ Z_1 \end{bmatrix} = \boldsymbol{R}_1 \begin{bmatrix} x_1 \\ y_1 \\ -f \end{bmatrix} \qquad \begin{bmatrix} X_2 \\ Y_2 \\ Z_2 \end{bmatrix} = \boldsymbol{R}_2 \begin{bmatrix} x_2 \\ y_2 \\ -f \end{bmatrix} \tag{5-17}$$

式中,$\boldsymbol{R}_1$ 和 $\boldsymbol{R}_2$ 分别为左右像片的旋转矩阵。

因左、右像空间辅助坐标系及 $t\text{-}XYZ$ 互相平行,且摄站点、像点、地面点三点共线,从图 5-3 中相似三角形的关系可以得出:

$$\left. \begin{aligned} \frac{S_1 A}{S_1 a_1} &= \frac{X_A - X_{S1}}{X_1} = \frac{Y_A - Y_{S1}}{Y_1} = \frac{Z_A - Z_{S1}}{Z_1} = N_1 \\ \frac{S_2 A}{S_2 a_2} &= \frac{X_A - X_{S2}}{X_2} = \frac{Y_A - Y_{S2}}{Y_2} = \frac{Z_A - Z_{S2}}{Z_2} = N_2 \end{aligned} \right\} \tag{5-18}$$

式中,$N_1$ 和 $N_2$ 称为点投影系数。$N_1$ 是像点 $a_1$ 在左像空间辅助坐标系中的点投影系数,称为左投影系数;$N_2$ 是像点 $a_2$ 在右像空间辅助坐标系中的点投影系数,称为右投影系数。

根据式(5-18)可得出前方交会计算地面点坐标的公式:

$$\begin{bmatrix} X_A \\ Y_A \\ Z_A \end{bmatrix} = \begin{bmatrix} X_{S1} \\ Y_{S1} \\ Z_{S1} \end{bmatrix} + \begin{bmatrix} N_1 X_1 \\ N_1 Y_1 \\ N_1 Z_1 \end{bmatrix} = \begin{bmatrix} X_{S2} \\ Y_{S2} \\ Z_{S2} \end{bmatrix} + \begin{bmatrix} N_2 X_2 \\ N_2 Y_2 \\ N_2 Z_2 \end{bmatrix}$$

即:

$$\begin{bmatrix} X_A \\ Y_A \\ Z_A \end{bmatrix} = \begin{bmatrix} X_{S1} \\ Y_{S1} \\ Z_{S1} \end{bmatrix} + \begin{bmatrix} N_1 X_1 \\ N_1 Y_1 \\ N_1 Z_1 \end{bmatrix} = \begin{bmatrix} X_{S2} \\ Y_{S2} \\ Z_{S2} \end{bmatrix} - \begin{bmatrix} X_{S1} \\ Y_{S1} \\ Z_{S1} \end{bmatrix} + \begin{bmatrix} X_{S1} \\ Y_{S1} \\ Z_{S1} \end{bmatrix} + \begin{bmatrix} N_2 X_2 \\ N_2 Y_2 \\ N_2 Z_2 \end{bmatrix}$$

$$\begin{bmatrix} X_A \\ Y_A \\ Z_A \end{bmatrix} = \begin{bmatrix} X_{S1} \\ Y_{S1} \\ Z_{S1} \end{bmatrix} + \begin{bmatrix} N_1 X_1 \\ N_1 Y_1 \\ N_1 Z_1 \end{bmatrix} = \begin{bmatrix} X_{S2} \\ Y_{S2} \\ Z_{S2} \end{bmatrix} + \begin{bmatrix} N_2 X_2 \\ N_2 Y_2 \\ N_2 Z_2 \end{bmatrix} = \begin{bmatrix} X_{S1} \\ Y_{S1} \\ Z_{S1} \end{bmatrix} + \begin{bmatrix} B_X \\ B_Y \\ B_Z \end{bmatrix} + \begin{bmatrix} N_2 X_2 \\ N_2 Y_2 \\ N_2 Z_2 \end{bmatrix} \tag{5-19}$$

由式(5-19)可得：

$$
\left.\begin{array}{l}
B_X = N_1 X_1 - N_2 X_2 \\
B_Y = N_1 Y_1 - N_2 Y_2 \\
B_Z = N_1 Z_1 - N_2 Z_2
\end{array}\right\} \tag{5-20}
$$

将式(5-20)联立求解，得：

$$
\left.\begin{array}{l}
N_1 = \dfrac{B_X Z_2 - B_Z X_2}{X_1 Z_2 - X_2 Z_1} \\[3mm]
N_2 = \dfrac{B_X Z_1 - B_Z X_1}{X_1 Z_2 - X_2 Z_1}
\end{array}\right\} \tag{5-21}
$$

或

$$
\left.\begin{array}{l}
N_1 = \dfrac{B_X Y_2 - B_Y X_2}{X_1 Y_2 - X_2 Y_1} \\[3mm]
N_2 = \dfrac{B_X Y_1 - B_Y X_1}{X_1 Y_2 - X_2 Y_1}
\end{array}\right\}
$$

综上所述，空间前方交会的计算步骤为

(1) 由已知的外方位元素及像点坐标，根据式(5-17)计算像点的像空间辅助坐标；

(2) 由外方位元素，按 $B_X = X_{S2} - X_{S1}$，$B_Y = Y_{S2} - Y_{S1}$，$B_Z = Z_{S2} - Z_{S1}$ 计算摄影基线分量；

(3) 由式(5-21)计算左右点投影系数 $N_1$ 和 $N_2$；

(4) 最后由式(5-19)计算地面点 $A$ 的坐标值$(X_A, Y_A, Z_A)$。

# 5.3 空间后-前方交会求解地面点坐标

求解地面点三维坐标需要双像解析摄影测量，就是利用解析计算的方法处理一个立体像对的影像信息，从而获得地面点的空间信息。空间后-前方交会计算地面点的空间坐标就是双像解析摄影测量的方法之一，计算步骤如下。

### 1. 野外像片控制测量

采用空间后-前方交会法计算点的空间坐标时，像对内至少具有 3 个以上的已知控制点坐标。为了减少误差，一般在一个像对的重叠范围 4 个角上，找出 4 个明显的地物点(图 5-4)。在野外判识出地面的实际位置，并准确地在像片上刺出各点的位置，按照规定，一般要求在像片的背面绘出各点与周围地物关系的点位略图，并加注说明。目前的数字摄影测量系统一般都要求作出控制点点位图，然后用普通测量计算的方法求出 4 个控制点的地面坐标。

### 2. 像点坐标量测

用立体坐标量测仪(图 5-5)对同名像点进行坐标测量，在对放置在仪器上的像对进行归心定向后，使立体坐标量测仪的测标立体切准要测的像点，记下相应读数鼓上的读数，并按公式计算出左、右同名像点的坐标。4 个地面控制点的相应像点和所需确定地面点坐标的像点坐标都要测量出来。像点坐标包括同名像点在左、右像片上的坐标值$(x_1, y_1)$，$(x_2, y_2)$。

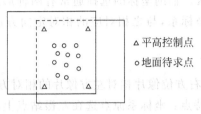

△平高控制点

○地面待求点

图 5-4　像对控制点及待求点示意图

图 5-5　像点坐标量测仪

### 3. 空间后方交会计算像片的外方位元素

根据摄影资料得到像片的摄影参数,两张像片上都有一定数量的控制点坐标及其像点坐标,因此各自进行空间后方交会计算,可得出左、右像片共 12 个外方位元素 $X_{S1}$,$Y_{S1}$,$Z_{S1}$,$\varphi_1$,$\omega_1$,$\kappa_1$ 和 $X_{S2}$,$Y_{S2}$,$Z_{S2}$,$\varphi_2$,$\omega_2$,$\kappa_2$。具体计算工作需要用计算机编程实现。

### 4. 空间前方交会计算未知点的空间坐标

用前面计算出的左、右像片的外方位元素中的角元素,求得左、右像片的方向余弦值,组成左、右像片各自的旋转矩阵 $R_1$ 和 $R_2$。然后利用外方位元素中的线元素,根据公式 $B_x = X_{S2} - X_{S1}$,$B_Y = Y_{S2} - Y_{S1}$,$B_Z = Z_{S2} - Z_{S1}$,分别计算出左、右像片摄影基线 $B$ 的三个分量 $B_x$,$B_Y$,$B_Z$。再按式(5-17)将所求点的像空间坐标 $x$,$y$,$z$ 转换为像空间辅助坐标 $X$,$Y$,$Z$。最后按式(5-21)和式(5-19)逐点计算所求各点的地面坐标。

## 5.4　解析相对定向和模型的绝对定向

除了采用前、后方交会求解地面点坐标外,解析相对定向和绝对定向也是构建求解地面点模型的重要方法。相对定向和绝对定向的方法沿用到了数字摄影测量中,与前、后方交会的数学计算方法相比,相对定向和绝对定向有自己的几何意义。相对定向是建立一个与原来地面相似的几何模型,其比例尺和方位都是任意的;绝对定向则通过放大、旋转、平移将任意模型坐标变换为地面坐标,从而实现像点坐标与地面点坐标的转换。

### 5.4.1　解析相对定向

相对定向是指利用立体像对摄影时存在的同名光线对应相交的几何关系,通过测量的像点坐标,以解析计算的方法(此时不需要控制点坐标),求解两像片的相对方位元素的过程,称为解析相对定向。用于描述两张像片相对位置和姿态关系的参数,叫作相对定向元素。解析相对定向的目的是建立一个与被摄物体相似的几何模型,然后确定模型点坐标。因为只需要像对内在的几何关系,因此不需要地面控制点。

#### 1. 相对定向元素

相对定向元素与像片的外方位元素相关,可以用部分外方位元素来表达。相对定向元素是描述立体像对中两张像片相对位置和姿态的元素,因此将像片在选定的像空间辅助坐标系中的位置和姿态定义为像片的相对方位元素。辅助坐标的选择通常有两种形式：连续法像对相对定向坐标系和单独法像对相对定向坐标系,与之相对应的相对定向方法也分为连续法相对定向和单独法相对定向两种。

1）连续法相对定向元素

连续法相对定向是以左方像片为基准,求出右方位像片相对左方像片的相对方位元素。连续法相对定向的像空间辅助坐标系具有以下特点：坐标系原点选在左摄站点上；坐标轴保持与立体相对左片的像空间坐标系重合；左片的6个外方位元素为零。连续法相对定向实际上是以左片的像空间坐标系作为像对的像空间辅助坐标系。两张像片外方外元素的相对差表示为

$$b_x = X_{S2} - X_{S1} = X_{S2}$$
$$b_y = Y_{S2} - Y_{S1} = Y_{S2}$$
$$b_z = Z_{S2} - Z_{S1} = Z_{S2}$$
$$\Delta\varphi = \varphi_2 - \varphi_1 = \varphi_2$$
$$\Delta\omega = \omega_2 - \omega_1 = \omega_2$$
$$\Delta\kappa = \kappa_2 - \kappa_1 = \kappa_2$$

式中,$b_y$,$b_z$,$\varphi_2$,$\omega_2$,$\kappa_2$ 就是5个相对元素,而 $b_x$ 只决定模型的大小,不影响相对方位,不能作为相对定向元素。采用 $b_y$,$b_z$,$\varphi_2$,$\omega_2$,$\kappa_2$ 作为相对定向元素的方法称为连续法相对定向,在相对定向过程中左片不动,而右片则做在 $Y$,$Z$ 方向上的平移运动和绕三轴的旋转运动,实现同名光线对对相交,从而建立一个相似模型。

2）单独法相对定向系统

单独法相对定向的像空间辅助坐标系是以摄影基线作为 $X$ 轴,仍然以左摄影中心 $S_1$ 为原点,左像片主光轴与摄影基线 $B$ 组成的主核面（左主核面）为 $XZ$ 平面,构成右手直角坐标系。此时左、右像片的相对定向元素分别为

左像片：$X_{S1} = Y_{S1} = Z_{S1} = 0$；$\varphi_1,\omega_1 = 0,\kappa_1$。

右像片：$X_{S2} = b_x,Y_{S2} = b_y = 0,Z_{S2} = b_z = 0$；$\varphi_2,\omega_2,\kappa_2$。

因此单独法相对定向的5个相对定向元素为 $\varphi_1,\kappa_1,\varphi_2,\omega_2,\kappa_2$。

**2. 解析相对定向原理**

从相邻两摄站对同一地面点拍摄立体像对时,同名光线相交于地面点,当两摄站的相对位置不变（可以保持左摄站点不动,右摄站点沿着摄影基线向左摄站点方向移动一段距离）,仍能保证同名光线对对相交,建立一个与原来相似的缩小立体模型,如图5-6所示,其中 $S_1S_2$ 是摄影基线 $B$,而 $S_1S_2'$ 称为模型基线 $b$。一个立体像对如果知道了两张像片的相对定向元素,也能实现同名光线对对相交,同样也可以建立相对立体模型。因此,同名光线对对相交是相对定向的理论基础。

如图5-7所示,$S_1a_1$ 和 $S_2a_2$ 为一对同名光线,其向量用 $\overrightarrow{S_1a_1}$ 和 $\overrightarrow{S_2a_2}$ 表示,摄影基线用向量 $\vec{B}$ 表示,三向量 $\overrightarrow{S_1a_1}$,$\overrightarrow{S_2a_2}$,$\vec{B}$ 共面。根据向量代数,三向量共面,它们的混合积等于零,即：

$$\vec{B} \cdot (\overrightarrow{S_1a_1} \times \overrightarrow{S_2a_2}) = 0 \qquad (5-22)$$

三向量在像空间辅助坐标系中的坐标分量分别为$(B_x,B_y,B_z)$,$(X_1,Y_1,Z_1)$和$(X_2,Y_2,Z_2)$,用坐标分量表示三向量混合积为零的条件是,各向量的分量所组成的一个三阶行列式等于零,即:

$$\begin{vmatrix} B_x & B_y & B_z \\ X_1 & Y_1 & Z_1 \\ X_2 & Y_2 & Z_2 \end{vmatrix} = 0 \tag{5-23}$$

式(5-23)被称为像对定向的共面条件方程。

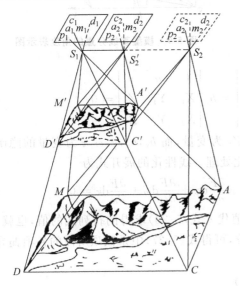

图 5-6　相对定向示意图

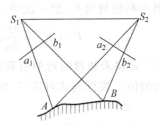

图 5-7　同名光线对对相交

### 3. 连续法相对定向

**1) 连续法相对定向的公式**

连续法相对定向就是要求解出 5 个相对定向元素 $b_y,b_z,\varphi_2,\omega_2,\kappa_2$,如图 5-8 所示。在连续法相对定向中,$\overrightarrow{S_1 a_1}$ 和 $\overrightarrow{S_2 a_2}$ 向量分量表示为 $(X_1,Y_1,Z_1)$ 和 $(X_2,Y_2,Z_2)$,而模型基线 $b$ 则表示为 $(b_x,b_y,b_z)$,共面条件方程可表示为

$$\begin{vmatrix} b_x & b_y & b_z \\ X_1 & Y_1 & Z_1 \\ X_2 & Y_2 & Z_2 \end{vmatrix} = 0 \tag{5-24}$$

因为是连续法相对定向,所以左片的旋转矩阵 $\boldsymbol{R}_1$ 为单位矩阵,而右片的旋转矩阵 $\boldsymbol{R}_2$ 需要根据方向余弦的计算公式进行计算。

为了简化和统一计算,将 $b_y,b_z$ 转化为 $b_x$ 的函数,用角度表示,由图 5-9 可以看出:

$$\left.\begin{array}{l} b_y = b_x \tan\mu \approx b_x\mu \\ b_z = \dfrac{b_x}{\cos\mu}\tan\nu \approx b_x\nu \end{array}\right\} \tag{5-25}$$

$\mu$ 和 $\nu$ 角都非常小,因此可以视 $\tan\mu=\mu$,$\tan\nu=\nu$,这样将式(5-25)化简为一次方程,得:

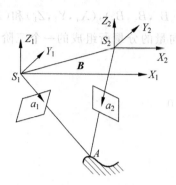

图 5-8 连续法相对定向共面条件

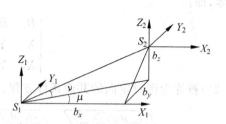

图 5-9 模型基线分量的角度表示图

$$F = \begin{vmatrix} b_x & b_x\mu & b_x\nu \\ X_1 & Y_1 & Z_1 \\ X_2 & Y_2 & Z_2 \end{vmatrix} = b_x \begin{vmatrix} 1 & \mu & \nu \\ X_1 & Y_1 & Z_1 \\ X_2 & Y_2 & Z_2 \end{vmatrix} = 0 \tag{5-26}$$

式(5-26)为非线性函数,式中,$\mu,\nu,X_2,Y_2,Z_2$ 为变量,而 $b_y,b_z,\varphi,\omega,\kappa$ 为变量的隐函数,需要根据泰勒级数展开,取一次项,进行线性化处理。线性化的展开式为

$$F = F_0 + \frac{\partial F}{\partial \mu}d\mu + \frac{\partial F}{\partial \nu}d\nu + \frac{\partial F}{\partial \varphi}d\varphi + \frac{\partial F}{\partial \omega}d\omega + \frac{\partial F}{\partial \kappa}d\kappa = 0 \tag{5-27}$$

式中,$F_0$ 是将未知数的近似值和给定的 $b_x$ 值代入式(5-26)求得的行列式的值,也就是函数 $F$ 的近似值。按行列式对式(5-26)取偏微分,可得式(5-27)中系数项所需的各项偏导数,即

$$\frac{\partial F}{\partial \mu} = b_x \begin{vmatrix} 0 & 1 & 0 \\ X_1 & Y_1 & Z_1 \\ X_2 & Y_2 & Z_2 \end{vmatrix} = b_x(Z_1X_2 - Z_2X_1)$$

$$\frac{\partial F}{\partial \nu} = b_x \begin{vmatrix} 0 & 0 & 1 \\ X_1 & Y_1 & Z_1 \\ X_2 & Y_2 & Z_2 \end{vmatrix} = b_x(X_1Y_2 - X_2Y_1)$$

$$\frac{\partial F}{\partial \varphi} = b_x \begin{vmatrix} 0 & 1 & 0 \\ X_1 & Y_1 & Z_1 \\ \frac{\partial X_2}{\partial \varphi} & \frac{\partial Y_2}{\partial \varphi} & \frac{\partial Z_2}{\partial \varphi} \end{vmatrix} = \frac{\partial X_2}{\partial \varphi} \cdot b_x \begin{vmatrix} \mu & \nu \\ Y_1 & Z_1 \end{vmatrix} - \frac{\partial Y_2}{\partial \varphi} \cdot b_x \begin{vmatrix} 1 & \nu \\ X_1 & Z_1 \end{vmatrix} + \frac{\partial Z_2}{\partial \varphi} \cdot b_x \begin{vmatrix} 1 & \mu \\ X_1 & Y_1 \end{vmatrix}$$

因为

$$\begin{bmatrix} X_2 \\ Y_2 \\ Z_2 \end{bmatrix} = \mathbf{R}_2 \begin{bmatrix} x_2 \\ y_2 \\ -f \end{bmatrix}$$

$$= \begin{bmatrix} \cos\varphi\cos\kappa - \sin\varphi\sin\omega\sin\kappa & -\cos\varphi\sin\kappa - \sin\varphi\sin\omega\cos\kappa & -\sin\varphi\cos\omega \\ \cos\omega\sin\kappa & \cos\omega\cos\kappa & -\sin\omega \\ \sin\varphi\cos\kappa + \cos\varphi\sin\omega\sin\kappa & -\sin\omega\sin\kappa + \cos\varphi\sin\omega\cos\kappa & \cos\varphi\cos\omega \end{bmatrix} \begin{bmatrix} x_2 \\ y_2 \\ -f \end{bmatrix}$$

则

$$\frac{\partial \begin{bmatrix} X_2 \\ Y_2 \\ Z_2 \end{bmatrix}}{\partial \varphi} = \begin{bmatrix} -\sin\varphi\cos\kappa - \cos\varphi\sin\omega\sin\kappa & \sin\varphi\sin\kappa - \cos\varphi\sin\omega\cos\kappa & -\cos\varphi\cos\omega \\ 0 & 0 & 0 \\ \cos\varphi\cos\kappa + \sin\varphi\sin\omega\sin\kappa & -\cos\omega\sin\kappa - \sin\varphi\sin\omega\cos\kappa & \cos\varphi\cos\omega \end{bmatrix} \begin{bmatrix} x_2 \\ y_2 \\ -f \end{bmatrix}$$

所以

$$\frac{\partial X_2}{\partial \varphi} = -c_1 x_2 - c_2 y_2 + c_3 f = -Z_2$$

$$\frac{\partial Y_2}{\partial \varphi} = 0$$

$$\frac{\partial Z_2}{\partial \varphi} = a_1 x_2 + a_2 y_2 - a_3 f = X_2$$

故

$$\frac{\partial F}{\partial \varphi} = (-Z_2) b_x (\mu Z_1 - \nu Y_1) + X_2 b_x (Y_1 - \mu X_1)$$
$$= bx Y_1 X_2 - b_x X_1 X_2 \mu - b_x Z_1 Z_2 \mu + b_x Z_2 Y_1 \nu$$

同理，作类似的运算：

$$\frac{\partial \begin{bmatrix} X_2 \\ Y_2 \\ Z_2 \end{bmatrix}}{\partial \omega} = \begin{bmatrix} -\sin\varphi\cos\omega\sin\kappa & -\sin\varphi\cos\omega\cos\kappa & \sin\varphi\cos\omega \\ -\sin\omega\sin\kappa & -\sin\omega\cos\kappa & -\cos\omega \\ \cos\varphi\cos\omega\sin\kappa & \cos\varphi\cos\omega\cos\kappa & -\cos\varphi\sin\omega \end{bmatrix} \begin{bmatrix} x_2 \\ y_2 \\ -f \end{bmatrix}$$

所以

$$\frac{\partial X_2}{\partial \omega} = -\sin\varphi(\cos\omega\sin\kappa x_2 + \cos\omega\cos\kappa y_2 - \sin\omega f) = -Y_2 \sin\varphi$$

$$\frac{\partial Y_2}{\partial \omega} = -\sin\omega\sin\kappa x_2 - \sin\omega\cos\kappa y_2 + \cos\omega f$$

$$= \frac{1}{\sin\varphi}(-\sin\varphi\sin\omega\sin\kappa x_2 - \sin\varphi\sin\omega\cos\kappa y_2 + \sin\varphi\cos\omega f)$$

$$= \frac{1}{\sin\varphi}(-\cos\varphi\cos\kappa x_2 + \cos\varphi\sin\kappa y_2 + X_2)$$

$$= \frac{1}{\sin\varphi}\left[ X_2 - \frac{\cos\varphi}{\cos\omega}(\cos\omega\cos\kappa x_2 - \cos\omega\sin\kappa y_2) \right]$$

$$= \frac{1}{\sin\varphi}\left[ X_2 - \frac{\cos\varphi}{\cos\omega}(b_2 x_2 - b_1 y_2) \right]$$

$$= \frac{1}{\sin\varphi}\left\{ X_2 - \frac{\cos\varphi}{\cos\omega}[(a_1 c_3 - a_3 c_1) x_2 + (a_2 c_3 - a_3 c_2) y_2] \right\}$$

$$= \frac{1}{\sin\varphi}\left\{ X_2 - \frac{\cos\varphi}{\cos\omega}[c_3(a_1 x_2 + a_2 y_2) - a_3(c_1 x_2 + c_2 y_2)] \right\}$$

$$= \frac{1}{\sin\varphi}\left\{ X_2 - \frac{\cos\varphi}{\cos\omega}[c_3(X_2 + a_3 f) - a_3(Z_2 + c_3 f)] \right\}$$

$$= \frac{1}{\sin\varphi}\left[ X_2 - \frac{\cos\varphi}{\cos\omega}(\cos\varphi\cos\omega X_2 + \sin\varphi\cos\omega Z_2) \right]$$

$$= \frac{1}{\sin\varphi}(X_2 - \cos_\varphi^2 X_2 - \cos\varphi\sin\varphi Z_2)$$
$$= X_2\sin\varphi - Z_2\cos\varphi$$

同理可得：

$$\frac{\partial Z_2}{\partial \omega} = \cos\varphi\cos\omega\sin\kappa x_2 + \cos\varphi\cos\omega\cos\kappa y_2 + \cos\varphi\sin\omega f$$

$$= \frac{1}{\cos\omega}(c_3\cos\omega\sin\kappa x_2 + c_3\cos\omega\cos\kappa y_2 + \cos\varphi\cos\omega\sin\omega f)$$

$$= \frac{1}{\cos\omega}[c_3(\cos\omega\sin\kappa x_2 + \cos\omega\cos\kappa y_2 + \sin\omega f)]$$

$$= \frac{c_3}{\cos\omega} \cdot Y_2 = Y_2\cos\varphi$$

故

$$\frac{\partial F}{\partial \omega} = \frac{\partial X_2}{\partial \omega} \cdot b_x \begin{vmatrix} \mu & \nu \\ Y_1 & Z_1 \end{vmatrix} - \frac{\partial Y_2}{\partial \omega} \cdot b_x \begin{vmatrix} 1 & \nu \\ X_1 & Z_1 \end{vmatrix} + \frac{\partial Z_2}{\partial \omega} \cdot b_x \begin{vmatrix} 1 & \mu \\ X_1 & Y_1 \end{vmatrix}$$

$$\approx Y_1 Y_2 b_x - X_1 Y_2 b_x \mu + Z_1 Z_2 b_x - X_1 Z_2 b_x \nu$$

同理得：

$$\frac{\partial F}{\partial \kappa} = \frac{\partial X_2}{\partial \kappa} \cdot b_x \begin{vmatrix} \mu & \nu \\ Y_1 & Z_1 \end{vmatrix} - \frac{\partial Y_2}{\partial \kappa} \cdot b_x \begin{vmatrix} 1 & \nu \\ X_1 & Z_1 \end{vmatrix} + \frac{\partial Z_2}{\partial \kappa} \cdot b_x \begin{vmatrix} 1 & \mu \\ X_1 & Y_1 \end{vmatrix}$$

$$\approx - X_2 Z_1 b_x - Z_1 Y_2 b_x \mu + X_1 X_2 b_x \nu + Y_1 Y_2 b_x \nu$$

对 $\mu, \nu$ 求 $F$ 的偏导数相对比较简单，结果如下：

$$\frac{\partial F}{\partial \mu} = b_x \begin{vmatrix} Z_1 & X_1 \\ Z_2 & X_2 \end{vmatrix} = Z_1 X_2 - X_1 Z_2$$

$$\frac{\partial F}{\partial \nu} = b_x \begin{vmatrix} X_1 & Y_1 \\ X_2 & Y_2 \end{vmatrix} = X_1 Y_2 - X_2 Y_1$$

将上述 5 个求偏导数的结果代入式(5-27)中得到：

$$(Z_1 X_2 - X_1 Z_2)\mathrm{d}\mu + (X_1 Y_2 - X_2 Y_1)\mathrm{d}\nu + Y_1 X_2 \mathrm{d}\varphi + (Y_1 Y_2 + Z_1 Z_2)\mathrm{d}\omega - X_2 Z_1 \mathrm{d}\kappa + \frac{F_0}{b_x} = 0$$

$$(5-28)$$

根据式(5-21)可以得到下列推导：

$$Z_1 X_2 - Z_2 X_1 = -\frac{b_x Z_1 - b_z X_1}{N_2} = \frac{-b_x}{N_2}\left(Z_1 - \frac{b_z}{b_x}X_1\right) \approx -\frac{b_x}{N_2}Z_1$$

$$X_1 Y_2 - X_2 Y_1 = \frac{b_x Y_1 - b_y X_1}{N_2} = \frac{b_x}{N_2}\left(Y_1 - \frac{b_y}{b_x}X_1\right) \approx \frac{b_x}{N_2}Y_1$$

代入式(5-28)中，各项同乘以 $-\dfrac{N_2}{Z_2}$，近似取 $Y_1 = Y_2$，$Z_1 = Z_2$，进一步简化公式得到：

$$b_x\mathrm{d}\mu - \frac{Y_2}{Z_2}b_x - \frac{Y_2 X_2}{Z_2}N_2\mathrm{d}\varphi - \left(Z_2 + \frac{Y_2^2}{Z_2}\right)N_2\mathrm{d}\omega + X_2 N_2\mathrm{d}\kappa - \frac{F_0 N_2}{b_x Z_2} = 0$$

令 $Q = \dfrac{F_0 N_2}{b_x Z_2}$，所以

$$Q = b_x \mathrm{d}\mu - \frac{Y_2}{Z_2} b_x \mathrm{d}\nu - \frac{Y_2 X_2}{Z_2} N_2 \mathrm{d}\varphi - \left(Z_2 + \frac{Y_2^2}{Z_2}\right) N_2 \mathrm{d}\omega + X_2 N_2 \mathrm{d}\kappa \qquad (5\text{-}29)$$

式(5-29)为连续法相对定向的求解公式:

$$Q = \frac{F_0 N_2}{b_x Z_2} = \frac{F_0}{X_1 Z_2 - X_2 Z_1} = \frac{\begin{vmatrix} b_x & b_y & b_z \\ X_1 & Y_1 & Z_1 \\ X_2 & Y_2 & Z_2 \end{vmatrix}}{\begin{vmatrix} X_1 & Z_1 \\ X_2 & Z_2 \end{vmatrix}}$$

$$= \frac{-b_y \begin{vmatrix} X_1 & Z_1 \\ X_2 & Z_2 \end{vmatrix}}{\begin{vmatrix} X_1 & Z_1 \\ X_2 & Z_2 \end{vmatrix}} + \frac{Y_1 \begin{vmatrix} b_x & b_z \\ X_2 & Z_2 \end{vmatrix}}{\begin{vmatrix} X_1 & Z_1 \\ X_2 & Z_2 \end{vmatrix}} - \frac{Y_2 \begin{vmatrix} b_x & b_z \\ X_1 & Z_1 \end{vmatrix}}{\begin{vmatrix} X_1 & Z_1 \\ X_2 & Z_2 \end{vmatrix}}$$

$$= N_1 Y_1 - N_2 Y_2 - b_y \qquad (5\text{-}30)$$

式中,$Q$ 称为左、右像点在模型点上的上下视差;$N_1$,$N_2$ 分别代表左、右像点的投影系数。

2) 连续法相对定向元素的计算过程

在立体像对中每量测一对同名像点的像点坐标$(x_1, y_1)$,$(x_2, y_2)$,就可以列出一个方程式,由于有 5 个未知数 $\mathrm{d}\mu$,$\mathrm{d}\nu$,$\mathrm{d}\varphi$,$\mathrm{d}\omega$,$\mathrm{d}\kappa$,因此至少需要 5 对同名像点。当有多余的同名像点时,在数据处理中用平差方法进行求解。由式(5-29)得:

$$Q + V_Q = b_x \mathrm{d}\mu - \frac{Y_2}{Z_2} b_x \mathrm{d}\nu - \frac{Y_2 X_2}{Z_2} N_2 \mathrm{d}\varphi - \left(Z_2 + \frac{Y_2^2}{Z_2}\right) N_2 \mathrm{d}\omega + X_2 N_2 \mathrm{d}\kappa$$

其误差方程式为

$$V_Q = b_x \mathrm{d}\mu - \frac{Y_2}{Z_2} b_x \mathrm{d}\nu - \frac{Y_2 X_2}{Z_2} N_2 \mathrm{d}\varphi - \left(Z_2 + \frac{Y_2^2}{Z_2}\right) N_2 \mathrm{d}\omega + X_2 N_2 \mathrm{d}\kappa - Q \qquad (5\text{-}31)$$

式中,$X_2$,$Y_2$,$Z_2$,$N_2$,$b_x$ 为已知数,而 $\mathrm{d}\mu$,$\mathrm{d}\nu$,$\mathrm{d}\varphi$,$\mathrm{d}\omega$,$\mathrm{d}\kappa$ 为待求的 5 个相对定向元素的改正数,$Q$ 为该误差方程的常数项(将初始值代入上下视差公式进行计算)。用简单的符号表示误差方程式中的各系数项和常数项。

$$a = b_x, \quad b = -\frac{Y_2}{Z_2} b_x, \quad c = -\frac{X_2 Y_2}{Z_2} N_2$$

$$d = -\left(Z_2 + \frac{Y_2^2}{Z_2}\right) N_2, \quad e = X_2 N_2, \quad l = Q, \quad V_Q = V$$

于是误差方程可以简化为

$$V = a \mathrm{d}\mu + b \mathrm{d}\nu + c \mathrm{d}\varphi + d \mathrm{d}\omega + e \mathrm{d}\kappa - l \qquad (5\text{-}32)$$

用矩阵表示为

$$\boldsymbol{V} = (a \quad b \quad c \quad d \quad e) \begin{bmatrix} \mathrm{d}\mu \\ \mathrm{d}\nu \\ \mathrm{d}\varphi \\ \mathrm{d}\omega \\ \mathrm{d}\kappa \end{bmatrix} - \boldsymbol{l}$$

如果观测了 $n$ 对同名像点,则上面的方程可表示为

$$\begin{bmatrix} V_1 \\ V_2 \\ \vdots \\ V_n \end{bmatrix} = \begin{bmatrix} a_1 & b_1 & c_1 & d_1 & e_1 \\ a_2 & b_2 & c_2 & d_2 & e_2 \\ \vdots & \vdots & \vdots & \vdots & \vdots \\ a_n & b_n & c_n & d_n & e_n \end{bmatrix} \begin{bmatrix} \mathrm{d}\mu \\ \mathrm{d}\nu \\ \mathrm{d}\varphi \\ \mathrm{d}\omega \\ \mathrm{d}\kappa \end{bmatrix} - \begin{bmatrix} l_1 \\ l_2 \\ \vdots \\ l_n \end{bmatrix}$$

写成总的误差方程为

$$V = AX - L \tag{5-33}$$

我们认为像点坐标都是在同一条件下观测的,根据平差原理,法方程式为

$$A^{\mathrm{T}}AX - A^{\mathrm{T}}L = 0$$

最后的解为

$$X = (A^{\mathrm{T}}A)^{-1}A^{\mathrm{T}}L$$

上面的计算结果为 5 个相对定向元素的改正数,并不是直接得到结果,计算中涉及矩阵的运算,需要采用迭代计算求解,迭代至相对元素的改正数值小于某一限差(如 $0.3 \times 10^{-4}$)为止。相对定向多采用计算机编程求解,其编程的流程图如图 5-10 所示。

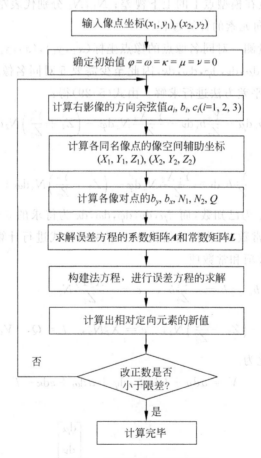

图 5-10　相对定向计算流程图

根据图 5-10,对相对定向的具体计算过程做如下说明:

(1) 像点的选取和坐标量测,在解析相对定向中常采用 6 个标准点的坐标来求解,其标

准点位置如图 5-11 所示,其中 1、2 点位于像主点附近,各点距边界的距离应大于 1.5cm。

然后在立体坐标量测仪上,量测 6 对同名像点的像点坐标 $(x_1,y_1),(x_2,y_2)$。

（2）确定初始值：在连续法相对定向中,左片旋转矩阵 $\boldsymbol{R}_1$ 为单位矩阵;右片取 $\varphi=\omega=\kappa=0$ 及 $\mu=\nu=0$ 为初值;$b_x$ 取定向点 1 的左右视差 $(x_2-x_1)$。

（3）根据初始值计算右片的旋转矩阵 $\boldsymbol{R}_2$,根据像点的平面坐标和已知的主距 $f$,计算像空间辅助坐标。

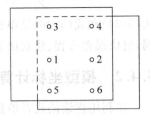

图 5-11　相对定向标准点位

$$\begin{bmatrix} X_1 \\ Y_2 \\ Z_2 \end{bmatrix} = \begin{bmatrix} x_2 \\ y_2 \\ -f \end{bmatrix}, \quad \begin{bmatrix} X_2 \\ Y_2 \\ Z_2 \end{bmatrix} = \boldsymbol{R}_2 \begin{bmatrix} x_2 \\ y_2 \\ -f \end{bmatrix}$$

（4）根据给定的初始值,按式(5-25)计算 $b_y,b_z$,并由式(5-21)计算各点的投影系数 $N_1,N_2$。

（5）按式(5-29)和式(5-30)计算每个定向点的误差方程的常数项和系数项,组成误差方程。

（6）计算法方程的系数矩阵和常数项,并求解法方程,求得未知数的改正数。

（7）用初始值加上改正数,得到未知数的新值。

（8）判断未知数的改正数是否大于限差。如果大于限差则重复步骤(3)～(7),如果小于限差则本次迭代后得到的新值就是 5 个相对定向元素的解。

### 4．单独法相对定向

单独法相对定向的原理与连续法相对定向的原理相同,不同的是它们选用的像空间辅助坐标系不同,单独法相对定向的坐标系是以模型基线为 $X$ 轴,以左主核面为 $XZ$ 平面,即左边的角元素 $\omega_1$ 为零,此外 $b_x$ 和 $b_z$ 都等于零,则 5 个定向元素均为角元素 $\varphi_1,\kappa_1,\varphi_2,\omega_2,\kappa_2$。此时共面条件的形式为

$$F = \begin{vmatrix} b & 0 & 0 \\ X_1 & Y_1 & Z_1 \\ X_2 & Y_2 & Z_2 \end{vmatrix} = b \begin{vmatrix} Y_1 & Z_1 \\ Y_2 & Z_2 \end{vmatrix} = 0$$

同样按多元函数泰勒级数展开,采用与连续法相对定向相同的推导方法,得到线性化公式：

$$F = F_0 + b[-X_1Y_2\mathrm{d}\varphi_1 + X_1Z_2\mathrm{d}\kappa_1 + X_2Y_1\mathrm{d}\varphi_2 + (Z_1Z_2+Y_1Y_2)\mathrm{d}\omega_2 - X_2Z_1\mathrm{d}\kappa_2] = 0$$

各项乘以 $\dfrac{f}{bZ_1Z_2}$ 并取 $Z_1=Z_2=-f$ 得：

$$Q = \frac{X_1Y_2}{Z_1}\mathrm{d}\varphi_1 - X_1\mathrm{d}\kappa_1 - \frac{X_2Y_1}{Z_2}\mathrm{d}\varphi_2 - \left(Z_2+\frac{X_1Y_2}{Z_2}\right)\mathrm{d}\omega_2 + X_2\mathrm{d}\kappa_2 \qquad (5\text{-}34)$$

式(5-34)就是单独法相对定向的解析关系式,而式中的 $Q$ 为

$$Q = -\frac{fF_0}{Z_1Z_2} = -\frac{f}{Z_1Z_2}(Y_1Z_2-Y_2Z_1) = \frac{-f}{Z_1}Y_1 - \frac{-f}{Z_2}Y_2 \qquad (5\text{-}35)$$

式(5-35)求解相对定向元素的过程中,如有多余观测,可按最小二乘法原理平差,将式(5-35)改写成误差方程形式,则变为

$$V_Q = \frac{X_1 Y_2}{Z_1} d\varphi_1 - \frac{X_2 Y_1}{Z_2} d\varphi_2 - \left( Z_2 + \frac{X_1 Y_2}{Z_2} \right) d\omega_2 - X_1 d\kappa_1 + X_2 d\kappa_2 - Q \qquad (5\text{-}36)$$

式(5-34)和式(5-36)是单独法相对定向的基本公式。与连续法相对定向元素求解步骤相同,组成误差方程、建立法方程、法方程求解、迭代计算,直到满足精度要求为止。

## 5.4.2　模型坐标计算

在利用连续法或者单独法相对定向公式计算出相对定向元素后,就可以用前方交会公式,计算模型点坐标,建立数学立体模型。因为在建立模型过程中模型基线 $b$ 是任意选取的,因此建立起来的模型比例尺也是任意的,此时坐标系的原点在立体像对的左摄站点上。下面就介绍模型点坐标的计算过程:

首先根据求得的相对定向元素求出左右像片的旋转矩阵 $\boldsymbol{R}_1$ 和 $\boldsymbol{R}_2$,然后再计算出左右像片的点投影系数 $N_1$ 和 $N_2$:

$$\begin{bmatrix} X_1 \\ Y_1 \\ Z_1 \end{bmatrix} = \boldsymbol{R}_1 \begin{bmatrix} x_1 \\ y_1 \\ -f \end{bmatrix}, \quad \begin{bmatrix} X_2 \\ Y_2 \\ Z_2 \end{bmatrix} = \boldsymbol{R}_2 \begin{bmatrix} x_2 \\ y_2 \\ -f \end{bmatrix}$$

$$N_1 = \frac{b_x Z_2 - b_z X_2}{X_1 Z_2 - X_2 Z_1}, \quad N_2 = \frac{b_x Z_1 - b_z X_1}{X_1 Z_2 - X_2 Z_1}$$

对于单独法像对的相对定向建立的模型而言,因为 $b_y = b_z = 0$,上面的公式可以简化为

$$N_1 = \frac{bZ_2}{X_1 Z_2 - X_2 Z_1}, \quad N_2 = \frac{bZ_1}{X_1 Z_2 - X_2 Z_1} \qquad (5\text{-}37)$$

左摄站点坐标为

$$\left. \begin{array}{l} X_{S1} = 0 \\ Y_{S1} = 0 \\ Z_{S1} = 0 \end{array} \right\} \qquad (5\text{-}38)$$

右摄站点坐标为

$$\left. \begin{array}{l} X_{S2} = X_{S1} + b_x \\ Y_{S2} = Y_{S1} + b_y \\ Z_{S2} = Z_{S1} + b_z \end{array} \right\} \qquad (5\text{-}39)$$

一般模型点坐标为

$$\left. \begin{array}{l} X_m = X_{S1} + N_1 X_1 \\ Y_m = \dfrac{1}{2}(Y_{S1} + N_1 Y_1 + Y_{S2} + N_2 Y_2) \\ \quad\; = Y_{S1} + \dfrac{1}{2}(N_1 Y_1 + N_2 Y_2 + b_y) \\ Z_m = Z_{S1} + N_1 Z_1 \end{array} \right\} \qquad (5\text{-}40)$$

由于上下视差的存在,$Y_m$ 坐标取平均值,这样可最大限度上消除残差的影响。

## 5.4.3　模型的绝对定向

相对定向建立的模型是任意选取的某个坐标系,相对地面坐标系的方位未知,比例尺也是任意的。要确定立体模型在地面坐标系中的方位和大小,需要把模型坐标变换为地面坐

标,这种坐标变换称为模型的绝对定向。绝对定向的目的就是要将相对定向建立的模型坐标纳入地面坐标系统中,并规划为规定的比例尺。立体模型需要进行旋转($\Phi$,$\Omega$,$K$)、平移($X_{tp}$,$Y_{tp}$,$Z_{tp}$)和缩放($\lambda$)才能变换为地面坐标,因此绝对定向需要确定 7 个待定参数,也就是要经过 3 个角度的旋转,1 个比例尺缩放和 3 个坐标方向平移。

一个立体像对有 12 个外方位元素,通过相对定向求出 5 个相对定向元素,在绝对定向中,还需要求解 7 个待定参数。立体模型需要进行旋转、平移和缩放等空间相似变换,这种变换在数学上称为不同原点的三维空间相似变换,其公式为

$$\begin{bmatrix} X_{tp} \\ Y_{tp} \\ Z_{tp} \end{bmatrix} = \lambda \begin{bmatrix} a_1 & a_2 & a_3 \\ b_1 & b_2 & b_3 \\ c_1 & c_2 & c_3 \end{bmatrix} \begin{bmatrix} X_p \\ Y_p \\ Z_p \end{bmatrix} + \begin{bmatrix} \Delta X \\ \Delta Y \\ \Delta Z \end{bmatrix} \qquad (5\text{-}41)$$

式中,$X_{tp}$,$Y_{tp}$,$Z_{tp}$ 为地面控制点的地面摄影测量坐标;$X_p$,$Y_p$,$Z_p$ 为模型点的摄影测量坐标;$\lambda$ 为比例因子;$a_i$,$b_i$,$c_i$ 为模型的 9 个方向余弦,由三个独立参数 $\Phi$,$\Omega$,$K$ 确定,也是组成旋转矩阵 $\boldsymbol{R}$ 的元素;$\Delta X$,$\Delta Y$,$\Delta Z$ 为摄影测量坐标系中的 3 个平移量。因此 7 个参数 $\Phi$,$\Omega$,$K$,$\lambda$,$\Delta X$,$\Delta Y$,$\Delta Z$ 称为绝对定向元素。

### 1. 绝对定向基本公式

式(5-41)为解析法绝对定向的基本关系式。绝对定向中需要利用地面控制点求解绝对定向元素,此时式(5-41)中控制点的地面摄影测量坐标 $X_{tp}$,$Y_{tp}$,$Z_{tp}$ 为已知值,模型点坐标 $X_p$,$Y_p$,$Z_p$ 为已知的计算值,式中只有 7 个绝对定向元素为未知值。

式(5-41)为非线性函数,为了便于计算,需要进行线性化处理,与前面一样用泰勒公式展开,取一次项,引入 7 个绝对定向元素的初始值及改正数,得到一次项公式为

$$F = F_0 + \frac{\partial F}{\partial \lambda}\mathrm{d}\lambda + \frac{\partial F}{\partial \Phi}\mathrm{d}\Phi + \frac{\partial F}{\partial \Omega}\mathrm{d}\Omega + \frac{\partial F}{\partial K}\mathrm{d}K + \frac{\partial F}{\partial \Delta X}\mathrm{d}\Delta X + \frac{\partial F}{\partial \Delta Y}\mathrm{d}\Delta Y + \frac{\partial F}{\partial \Delta Z}\mathrm{d}\Delta Z$$

$$(5\text{-}42)$$

考虑小角度的情况,式(5-41)的近似式可表示为

$$\begin{bmatrix} X_{tp} \\ Y_{tp} \\ Z_{tp} \end{bmatrix} = \lambda \begin{bmatrix} 1 & -K & -\Phi \\ K & 1 & -\Omega \\ \Phi & \Omega & 1 \end{bmatrix} \begin{bmatrix} X_p \\ Y_p \\ Z_p \end{bmatrix} + \begin{bmatrix} \Delta X \\ \Delta Y \\ \Delta Z \end{bmatrix} \qquad (5\text{-}43)$$

对式(5-43)求微分,代入式(5-41),取一次项,经整理得到线性化的基本公式:

$$\begin{bmatrix} X_{tp} \\ Y_{tp} \\ Z_{tp} \end{bmatrix} = \lambda_0 \boldsymbol{R}_0 \begin{bmatrix} X_p \\ Y_p \\ Z_p \end{bmatrix} + \begin{bmatrix} \Delta X_0 \\ \Delta Y_0 \\ \Delta Z_0 \end{bmatrix} + \lambda \begin{bmatrix} \mathrm{d}\Delta\lambda & -\mathrm{d}K & -\mathrm{d}\Phi \\ \mathrm{d}K & \mathrm{d}\Delta\lambda & -\mathrm{d}\Omega \\ \mathrm{d}\Phi & \mathrm{d}\Omega & \mathrm{d}\Delta\lambda \end{bmatrix} \begin{bmatrix} X_p \\ Y_p \\ Z_p \end{bmatrix} + \begin{bmatrix} \mathrm{d}\Delta X \\ \mathrm{d}\Delta Y \\ \mathrm{d}\Delta Z \end{bmatrix} \qquad (5\text{-}44)$$

### 2. 绝对定向元素的计算

控制点中已知平面坐标($X_{tp}$,$Y_{tp}$)和高程($Z_{tp}$)地面控制点的称为平高控制点,只知道高程控制点的称为高程控制点。式(5-44)中有 7 个未知数,因此至少要列出 7 个方程。一个平高控制点可以列出 3 个方程,1 个高程控制点只能列出 1 个方程式,因此至少需要知道 2 个平高控制点和 1 个高程控制点,且 3 个控制点不能在一条直线上。在实际操作中一般是在模型的四角布置 4 个点,因此有多余的观测值,可以进行平差,并按最小二乘法进行平

差求解。将式(5-44)变为误差方程,其中模型点的摄影测量坐标 $X_p, Y_p, Z_p$ 视为观测值,方程式相应的改正数为 $V_x, V_y, V_z$ ,式(5-44)变为

$$- \begin{bmatrix} V_x \\ V_y \\ V_z \end{bmatrix} = \begin{bmatrix} \mathrm{d}\Delta\lambda & -\mathrm{d}K & -\mathrm{d}\Phi \\ \mathrm{d}K & \mathrm{d}\Delta\lambda & -\mathrm{d}\Omega \\ \mathrm{d}\Phi & \mathrm{d}\Omega & \mathrm{d}\Delta\lambda \end{bmatrix} \begin{bmatrix} X_p \\ Y_p \\ Z_p \end{bmatrix} + \begin{bmatrix} \mathrm{d}\Delta X \\ \mathrm{d}\Delta Y \\ \mathrm{d}\Delta Z \end{bmatrix} - \begin{bmatrix} l_x \\ l_y \\ l_z \end{bmatrix} \tag{5-45}$$

式中

$$\begin{bmatrix} l_x \\ l_y \\ l_z \end{bmatrix} = \begin{bmatrix} X_{tp} \\ Y_{tp} \\ Z_{tp} \end{bmatrix} - \lambda_0 \boldsymbol{R}_0 \begin{bmatrix} X_p \\ Y_p \\ Z_p \end{bmatrix} - \begin{bmatrix} \Delta X_0 \\ \Delta Y_0 \\ \Delta Z_0 \end{bmatrix} \tag{5-46}$$

为了方便计算,常把式(5-46)写成如下形式:

$$\begin{bmatrix} V_x \\ V_y \\ V_z \end{bmatrix} = \begin{bmatrix} 1 & 0 & 0 & X_p & -Z_p & 0 & -Y_p \\ 0 & 1 & 0 & Y_p & 0 & -Z_p & X_p \\ 0 & 0 & 1 & Z_p & X_p & Y_p & 0 \end{bmatrix} \begin{bmatrix} \mathrm{d}\Delta X \\ \mathrm{d}\Delta Y \\ \mathrm{d}\Delta Z \\ \mathrm{d}\Delta\lambda \\ \mathrm{d}\Phi \\ \mathrm{d}\Omega \\ \mathrm{d}K \end{bmatrix} - \begin{bmatrix} l_x \\ l_y \\ l_z \end{bmatrix} \tag{5-47}$$

式(5-47)用符号表示即为

$$\boldsymbol{V} = \boldsymbol{A}\boldsymbol{X} - \boldsymbol{L} \tag{5-48}$$

由误差方程可组成法方程:

$$\boldsymbol{A}^{\mathrm{T}}\boldsymbol{P}\boldsymbol{A}\boldsymbol{X} - \boldsymbol{A}^{\mathrm{T}}\boldsymbol{P}\boldsymbol{L} = 0 \tag{5-49}$$

式中,

$$\boldsymbol{A} = \begin{bmatrix} 1 & 0 & 0 & X_p & -Z_p & 0 & -Y_p \\ 0 & 1 & 0 & Y_p & 0 & -Z_p & X_p \\ 0 & 0 & 1 & Z_p & X_p & Y_p & 0 \end{bmatrix}$$

$$\boldsymbol{X} = \begin{bmatrix} \mathrm{d}\Delta X & \mathrm{d}\Delta Y & \mathrm{d}\Delta Z & \mathrm{d}\Delta\lambda & \mathrm{d}\Phi & \mathrm{d}\Omega & \mathrm{d}K \end{bmatrix}^{\mathrm{T}}$$

$$\boldsymbol{L} = \begin{pmatrix} l_x & l_y & l_z \end{pmatrix}$$

式中,$\boldsymbol{P}$ 为权矩阵,由法方程可得到绝对定向元素的改正数的求解:

$$\boldsymbol{X} = (\boldsymbol{A}^{\mathrm{T}}\boldsymbol{P}\boldsymbol{A})^{-1}\boldsymbol{A}^{\mathrm{T}}\boldsymbol{P}\boldsymbol{L} \tag{5-50}$$

式(5-47)是绝对定向的实用求解公式。因为求解的变量是增量,因此在实际求解过程中需要设置初始值,然后采用迭代趋近法求解,直到求出的值小于某一限差,使误差方程式中的常数项式(5-46)结果趋近于零。

在计算中为了减少计算量,使法方程有些系数为零,在模型中选定几何中心点作为坐标系的原点,此点称为重心点,以重心点为原点的坐标值称为重心化坐标。重心点的坐标值分别按模型内若干点的坐标取平均值,表示为

$$X_{pg} = \frac{\sum X_p}{n}, \quad Y_{pg} = \frac{\sum Y_p}{n}, \quad Z_{pg} = \frac{\sum Z_p}{n} \tag{5-51}$$

相应的地面摄影测量坐标的重心点坐标分别为

$$X_{tpg} = \frac{\sum X_p}{n}, \quad Y_{tpg} = \frac{\sum Y_p}{n}, \quad Z_{tpg} = \frac{\sum Z_p}{n} \tag{5-52}$$

分别求出模型摄影测量坐标和地面摄影测量坐标的重心坐标后,将模型内所有点的摄影测量坐标与地面摄影测量坐标均化为以重心为原点的重心化坐标。

控制点的重心化地面摄影测量坐标:

$$\left.\begin{array}{l} \overline{X}_{tpi} = X_{tpi} - X_{tpg} \\ \overline{Y}_{tpi} = Y_{tpi} - Y_{tpg} \\ \overline{Z}_{tpi} = Z_{tpi} - Z_{tpg} \end{array}\right\} \tag{5-53}$$

模型点的重心化摄影测量坐标:

$$\left.\begin{array}{l} \overline{X}_{pi} = X_{pi} - X_{pg} \\ \overline{Y}_{pi} = Y_{pi} - Y_{pg} \\ \overline{Z}_{pi} = Z_{pi} - Z_{pg} \end{array}\right\} \tag{5-54}$$

将重心化坐标代入式(5-46)、式(5-47)和式(5-49)中,同样采用迭代趋近的办法进行求解。由于采用了重心化求解方法,计算中矩阵 $A$ 减少了待定参数,避免了 $d\Delta X, d\Delta Y, d\Delta Z$ 的计算,只需要求解其他 4 个参数 $(d\Delta\lambda, d\Phi, d\Omega, dK)$,计算量大大减少,这是建立重心化坐标的主要原因。绝对定向的精度可以按空间后方交会精度的方法讨论。

## 5.5　光束法整体求解

双像解析摄影中的第三种方法就是光束法,它在立体像对内同时求解两张像片的外方位元素和地面点坐标。光束法不同于后-前方交会法和相对-绝对定向法求解地面点的坐标法,它采用整体法(一步定向法),即将每张像片内所有的控制点、未知点都按共线条件式同时列出误差方程,在像对内联合进行解算,同时求解两像片的外方位元素及待定点的坐标。这种解法含左、右像片共 12 个外方位,并且每一个待定点引入 3 个空间坐标未知数。光束法是一种比较严密的计算方法,精度较高,但是计算量较大。

光束法是以共线方程作为基础的,以待定点和像对的外方位元素为未知数,当内方位元素已知时共线方程表示为

$$\left.\begin{array}{l} x = -f\dfrac{a_1(X-X_S)+b_1(Y-Y_S)+c_1(Z-Z_S)}{a_3(X-X_S)+b_3(Y-Y_S)+c_3(Z-Z_S)} \\[3mm] y = -f\dfrac{a_2(X-X_S)+b_2(Y-Y_S)+c_2(Z-Z_S)}{a_3(X-X_S)+b_3(Y-Y_S)+c_3(Z-Z_S)} \end{array}\right\}$$

式中除了外方位元素 $(X_S, Y_S, Z_S, \varphi, \omega, \kappa)$ 为未知数外,还有地面点 $(X, Y, Z)$ 也为未知数。将上式线性化,则一次项展开式为

$$\left.\begin{array}{l} F_x = F_{x0} + \dfrac{\partial F_x}{\partial X_S}dX_S + \dfrac{\partial F_x}{\partial Y_S}dY_S + \dfrac{\partial F_x}{\partial Z_S}dZ_S + \dfrac{\partial F_x}{\partial \varphi}d\varphi + \\[3mm] \quad \dfrac{\partial F_x}{\partial \omega}d\omega + \dfrac{\partial F_x}{\partial \kappa}d\kappa + \dfrac{\partial F_x}{\partial X}dX + \dfrac{\partial F_x}{\partial Y}dY + \dfrac{\partial F_x}{\partial Z}dZ \\[3mm] F_y = F_{y0} + \dfrac{\partial F_y}{\partial X_S}dX_S + \dfrac{\partial F_y}{\partial Y_S}dY_S + \dfrac{\partial F_y}{\partial Z_S}dZ_S + \dfrac{\partial F_y}{\partial \varphi}d\varphi + \\[3mm] \quad \dfrac{\partial F_y}{\partial \omega}d\omega + \dfrac{\partial F_y}{\partial \kappa}d\kappa + \dfrac{\partial F_y}{\partial X}dX + \dfrac{\partial F_y}{\partial Y}dY + \dfrac{\partial F_y}{\partial Z}dZ \end{array}\right\} \tag{5-55}$$

式(5-55)与后方交会的线性化公式相比,多了 $dX, dY, dZ$ 待定点的坐标改正数项,式(5-55)的

误差方程可以写成

$$
\begin{bmatrix} V_x \\ V_y \end{bmatrix} = \begin{bmatrix} -\dfrac{f}{H} & 0 & -\dfrac{x}{H} & -\left(f+\dfrac{x^2}{f}\right) & -\dfrac{xy}{f} & y \\[3mm] 0 & -\dfrac{f}{H} & -\dfrac{y}{H} & -\dfrac{xy}{f} & -\left(f+\dfrac{y^2}{f}\right) & -x \end{bmatrix} \begin{bmatrix} \mathrm{d}X_s \\ \mathrm{d}Y_s \\ \mathrm{d}Z_s \\ \mathrm{d}\varphi \\ \mathrm{d}\omega \\ \mathrm{d}\kappa \end{bmatrix} +
$$

$$
\begin{bmatrix} \dfrac{f}{H} & 0 & \dfrac{x}{H} \\[3mm] 0 & \dfrac{f}{H} & \dfrac{y}{H} \end{bmatrix} \begin{bmatrix} \mathrm{d}X \\ \mathrm{d}Y \\ \mathrm{d}Z \end{bmatrix} - \begin{bmatrix} l_x \\ l_y \end{bmatrix}
$$

$$
= \begin{bmatrix} a_{11} & a_{12} & a_{13} & a_{14} & a_{15} & a_{16} \\ a_{21} & a_{22} & a_{23} & a_{24} & a_{25} & a_{26} \end{bmatrix} \begin{bmatrix} \mathrm{d}X_s \\ \mathrm{d}Y_s \\ \mathrm{d}Z_s \\ \mathrm{d}\varphi \\ \mathrm{d}\omega \\ \mathrm{d}\kappa \end{bmatrix} + \begin{bmatrix} -a_{11} & -a_{12} & -a_{13} \\ -a_{21} & -a_{22} & -a_{23} \end{bmatrix} \begin{bmatrix} \mathrm{d}X \\ \mathrm{d}Y \\ \mathrm{d}Z \end{bmatrix} - \begin{bmatrix} l_x \\ l_y \end{bmatrix}
$$

$$(5\text{-}56)$$

用矩阵符号表示为

$$
\boldsymbol{V} = (\boldsymbol{A} \quad \boldsymbol{B}) \begin{bmatrix} \boldsymbol{X} \\ t \end{bmatrix} - \boldsymbol{L} \tag{5-57}
$$

式中

$$
\boldsymbol{V} = (V_x \quad V_y)^{\mathrm{T}}
$$

$$
\boldsymbol{A} = \begin{bmatrix} a_{11} & a_{12} & a_{13} & a_{14} & a_{15} & a_{16} \\ a_{21} & a_{22} & a_{23} & a_{24} & a_{25} & a_{26} \end{bmatrix}
$$

$$
\boldsymbol{B} = \begin{bmatrix} -a_{11} & -a_{12} & -a_{13} \\ -a_{21} & -a_{22} & -a_{23} \end{bmatrix}
$$

$$
\boldsymbol{X} = (\mathrm{d}X_s \quad \mathrm{d}Y_s \quad \mathrm{d}Z_s \quad \mathrm{d}\varphi \quad \mathrm{d}\omega \quad \mathrm{d}\kappa)^{\mathrm{T}}
$$

$$
t = (\mathrm{d}X \quad \mathrm{d}Y \quad \mathrm{d}Z)^{\mathrm{T}}
$$

$$
\boldsymbol{L} = (l_x \quad l_y)^{\mathrm{T}}
$$

总法方程式的矩阵形式为

$$
\begin{bmatrix} \boldsymbol{A}^{\mathrm{T}}\boldsymbol{A} & \boldsymbol{A}^{\mathrm{T}}\boldsymbol{B} \\ \boldsymbol{B}^{\mathrm{T}}\boldsymbol{A} & \boldsymbol{B}^{\mathrm{T}}\boldsymbol{B} \end{bmatrix} \begin{bmatrix} \boldsymbol{X} \\ t \end{bmatrix} - \begin{bmatrix} \boldsymbol{A}^{\mathrm{T}}\boldsymbol{L} \\ \boldsymbol{B}^{\mathrm{T}}\boldsymbol{L} \end{bmatrix} = 0 \tag{5-58}
$$

$$
\boldsymbol{N}_{11} = \boldsymbol{A}^{\mathrm{T}}\boldsymbol{A}, \quad \boldsymbol{N}_{12} = \boldsymbol{A}^{\mathrm{T}}\boldsymbol{B}, \quad \boldsymbol{N}_{12}^{\mathrm{T}} = \boldsymbol{B}^{\mathrm{T}}\boldsymbol{A}, \quad N_{22} = \boldsymbol{B}^{\mathrm{T}}\boldsymbol{B}
$$

$$
\boldsymbol{L}_1 = \boldsymbol{A}^{\mathrm{T}}\boldsymbol{L}, \quad \boldsymbol{L}_2 = \boldsymbol{B}^{\mathrm{T}}\boldsymbol{L}
$$

则式(5-58)表示为

$$
\begin{bmatrix} \boldsymbol{N}_{11} & \boldsymbol{N}_{12} \\ \boldsymbol{N}_{12}^{\mathrm{T}} & N_{22} \end{bmatrix} \begin{bmatrix} \boldsymbol{X} \\ t \end{bmatrix} - \begin{bmatrix} \boldsymbol{L}_1 \\ \boldsymbol{L}_2 \end{bmatrix} = 0 \tag{5-59}
$$

改化法方程式为

$$(\boldsymbol{N}_{11} - \boldsymbol{N}_{12}\boldsymbol{N}_{22}^{-1}\boldsymbol{N}_{12}^{\mathrm{T}})\boldsymbol{X} = \boldsymbol{L}_1 - \boldsymbol{N}_{12}\boldsymbol{N}_{22}^{-1}\boldsymbol{L}_2 \tag{5-60}$$

或

$$(\boldsymbol{N}_{22} - \boldsymbol{N}_{12}\boldsymbol{N}_{11}^{-1}\boldsymbol{N}_{12}^{\mathrm{T}})\boldsymbol{t} = \boldsymbol{L}_2 - \boldsymbol{N}_{12}^{\mathrm{T}}\boldsymbol{N}_{11}^{-1}\boldsymbol{L}_1 \tag{5-61}$$

分别求解式(5-60)和式(5-61),就可以求得像片的外方位元素改正数和点的坐标改正值。

双像解析摄影测量可应用三种解算方法:后-前方交会解法;相对定向-绝对定向解法;光束法(一次定向解法)。三种方法各有优缺点,具体的比较分析如下:

(1) 后-前方交会解法过分依赖空间后方交会的精度,前方交会过程中没有充分利用多余条件进行平差计算。

(2) 相对定向-绝对定向解法涉及的公式比较多,最后得到的点位精度由绝对定向和相对定向的精度共同决定,用这种方法更注重双像解析的几何意义,但其结果不能严格表达一幅影像的外方位元素(这很重要)。

(3) 光束法(一次定向解法)理论最为严密,精度最高,待定点的坐标是完全按最小二乘法原理求解的,但是计算量是三种方法中最大的,很多时候受已知控制点数量和计算量影响,不能采用,但是随着计算机技术和软件科学的发展,其应用越来越广泛。

基于上述分析的原因,第一种方法往往在已知影像的外方位元素大概值、只有少量待定点坐标时采用;第二种方法在航带法解析空中三角测量中应用,此外数字摄影测量一般像对处理往往也采用相对定向-绝对定向解法;第三种方法,光束法在解析空中三角测量中应用较多,一般的数字空中三角测量,需要高精度控制点加密也以光束法建模。这三种方法均在数字摄影测量系统中得到应用。

## 习题

1. 双像解析摄影测量求解地面点三维坐标的方法有哪三种?

2. 什么叫单张像片的空间后方交会?其观测值和未知数是哪些?至少需要多少地面控制点?

3. 试述空间后方交会求解外方位元素的基本过程。

4. 立体相对前方交会的目的是什么?

5. 解析相对定向中的未知数是哪些?其定向是在哪个坐标系中进行的?需要知道地面点坐标吗?

6. 连续法相对定向和单独法相对定向有何区别?

7. 试述连续法相对定向计算的基本过程。

8. 如何求解模型点坐标?为何同名像点的左、右点投影系数不相同?

9. 绝对定向要求几个未知数?绝对定向一般是在哪两个坐标系之间进行?

10. 什么是相对定向元素?连续法和单独法相对定向元素分别是什么?什么是绝对定向元素?如何表示?

11. 绘出双像相对和绝对定向的计算机程序框图,并编程上机实现。

12. 什么是光束法?光束法有几个未知数?

# 第6章

# 空中三角测量

## 6.1 解析空中三角测量

### 6.1.1 空中三角测量的概念

从前面的学习中我们知道,摄影测量作业需要一定数量的地面控制点。例如,在后方交会中一张像片至少要知道 3 个不在同一条直线上的地面控制点,才能求解像片的外方位元素;一个立体像对,需要 3 个地面控制点求解像对的 7 个绝对定向元素,才能把经过相对定向建立的任意模型纳入地面摄影测量坐标系中;航摄像片和高分辨率的遥感影像进行正射纠正时,每张像片也需要地面控制点。如果这些控制点全部由外业测定,外业的工作量将非常庞大。摄影测量学的任务就是要最大限度地减少外业工作,因此提出了解析空中三角测量的概念:在一条航带内的十几个像对中,或几条航带几百个像对构成的一个区域内,只测定少量的外业控制点,在内业中按一定的数学模型平差计算出该区域内待定点的坐标,然后作为控制点用于双像测图、像片纠正等工作,那么就可以很好地解决双像解析摄影测量的不足。解析空中三角测量就是将空中摄站及像片放到整个测量网中,起到点的传递和构网的作用,故通常称为空中三角测量,亦称解析空三加密。

### 6.1.2 空中三角测量的分类

可以采用不同的方法利用计算机进行解析空中三角测量。

#### 1. 根据平差中采用的数学模型分类

1)航带法

即通过相对定向和模型连接先建立自由航带,以点在该航带中的摄影测量坐标为观测值,通过确定非线性多项式中的变换参数,把自由网纳入所要求的地面坐标系中,并使公共点上不符值的平方和为最小。

2)独立模型法

即先通过相对定向建立起单元模型,以模型点坐标为观测值,通过单元模型在空间的相似变换,使之纳入规定的地面坐标系,并使模型连接点上残差的平方和最小。

3)光束法

直接由每幅影像的光线束出发,以像点坐标为观测值,通过每个光束在三维空间的平移和旋转,使同名光线在物方最佳地交会在一起,并使之纳入规定的坐标系,从而加密出待求点的物方坐标和影像的方位元素。

#### 2. 根据加密区域分类

1) 单模型法

单模型法是指在单个立体像对中加密大量的点或用解析法高精度地测定目标点的坐标。

2) 单航带法

单航带法是对一条航带进行处理。缺点是在平差中无法估计相邻航带之间公共点条件。

3) 区域网法

区域网法是对由若干条航带(每条航带有若干个像对或模型)组成的区域进行整体平差,而区域网法按整体平差时所采用的平差单元不同又分为三类:

(1) 航带法区域网平差:该方法是以航带作为整体平差的基本单元;

(2) 独立模型法区域网平差:该方法是以单元模型为平差单元;

(3) 光束法区域网平差:该方法是以每张像片相似投影光束为平差单元,从而求出每张像片的外方位元素及各加密点的地面坐标。

### 6.1.3　航带法解析空中三角测量

#### 1. 基本思想

航带法解析空中三角测量研究的对象是一条航带的模型,即首先要把许多立体像对所构成的单个模型连接成航带模型,然后把一个航带模型视为一个单元模型进行解析处理。由于在单个模型连成航带模型的过程中,各单个模型中的偶然误差和残余的系统误差将传递到下一个模型中去,这些误差传递累积的结果会使航带模型产生扭曲变形,所以航带模型经绝对定向后还需作模型的非线性改正,才能得到较为满意的结果,这便是航带法空中三角测量的基本思想。

#### 2. 建网过程

航带法解析空中三角测量的主要工作流程包括:像点坐标的量测和系统误差改正;像对的相对定向;模型连接及航带网的构成;航带模型的绝对定向及航带模型的非线性改正。

1) 像点坐标的量测和系统误差改正

(1) 像点坐标的量测

在摄影测量中,一个立体像对的同名像点在各自的像平面坐标系的 $x$、$y$ 坐标之差分别称为左右视差 $p$ 及上下视差 $q$,即 $p = x_1 - x_2$,$q = y_1 - y_2$。用解析方法处理摄影测量像片时,首先要测出像点坐标 $x$、$y$,新型的立体坐标量测仪都具有小型计算机和接口设备,使量测的数据直接输入计算机中进行数据处理。不同结构的仪器有不同的测量成果,有的立体坐标量测仪可量测出 $x_1$、$y_1$ 及 $x_2$、$y_2$,有的可量测出 $x_1$、$y_1$ 及 $p$、$q$。

(2) 系统误差改正

理论上,在摄影瞬间地面点、摄站点和像点应三点共线,即三点处在一条直线上,但是由于摄影物镜的畸变差、大气折光、地球曲率，以及底片变形等因素的影响，地面点在像片中的像点位置发生移位。上述因素对每张像片的影响都有相同的规律性，像点移位属于一种系统误差。这种误差在像对的立体测图时对成图精度影响不大，一般不考虑。但在空中三角测量加密控制点时，由于误差的传递累积，对加密点的成果精度有着明显的作用，因此必须事先改正原始数据中像点坐标的这种系统误差。

① 底片变形改正

底片变形情况比较复杂，有均匀变形和非均匀变形，所引起的像点位移可通过量测框标坐标或量测框标距进行改正。

若量测了 4 个框标坐标，像点坐标可用双线性变换公式改正，改正式为

$$x' = a_0 + a_1 x + a_2 y + a_3 xy \\ y' = b_0 + b_1 x + b_2 y + b_3 xy \Bigg\} \tag{6-1}$$

式中，$x,y$ 为像点坐标的量测值；$x',y'$ 为经改正的像点坐标值；$a_i,b_i(i=1,2,3)$ 为待定系数。

将 4 个框标的理论坐标值和量测值代入式(6-1)中，求得 8 个待定系数，然后再用式(6-1)求出经过摄影材料变形改正后的像点坐标。

若量测的是 4 个框标距时，可采用以下改正公式：

$$x' = x \frac{L_x}{l_x} \\ y' = y \frac{L_y}{l_y} \Bigg\} \tag{6-2}$$

式中，$x,y$ 和 $x',y'$ 的含义同式(6-1)；$L_x$、$l_x$ 及 $L_y$、$l_y$ 分别为框标距的理论值和实际量测值。

② 摄影机物镜畸变差改正

物镜畸变差包括对称畸变和非对称畸变。对称畸变是指在以像主点为中心的辐射线上，辐射距相等的点，它们的畸变相等；而非对称畸变是由物镜各组合透镜不同心所引起的，其畸变值仅是对称畸变的 1/2，故一般只对对称畸变进行改正。对称畸变差可用下列多项式改正：

$$\Delta x = -x'(k_0 + k_1 r^2 + k_2 r^4) \\ \Delta y = -y'(k_0 + k_1 r^2 + k_2 r^4) \Bigg\} \tag{6-3}$$

式中，$r = \sqrt{x'^2 + y'^2}$，为以像主点为极点的向径；$\Delta x, \Delta y$ 为像点坐标改正数；$x',y'$ 为改正底片变形后的像点坐标；$k_0,k_1,k_2$ 为物镜畸变差改正系数，由摄影机检校获得。

③ 大气折光改正

大气折光引起的像点误差随像点的辐射距离增大而增大。大气折光引起像点在辐射方向上的改正为

$$\Delta r = -\left(f + \frac{r^2}{f}\right) \cdot r_f \tag{6-4}$$

其中，

$$r_f = \frac{n_0 - n_H}{n_0 + n_H} \cdot \frac{r}{f} \tag{6-5}$$

式中，$r$ 为以像底点为极点的向径，$r=\sqrt{x'^2+y'^2}$；$f$ 为摄影机主距；$r_f$ 为折光差角；$n_0$ 和 $n_H$ 分别为地面上及高度为 $H$ 处的大气折射率，可由气象资料或大气模型获得。

　　因此，大气折光差引起的像点坐标的改正值为

$$\left.\begin{array}{l} \mathrm{d}x = \dfrac{x'}{r}\Delta r \\[2mm] \mathrm{d}y = \dfrac{y'}{r}\Delta r \end{array}\right\} \tag{6-6}$$

式中，$x'$，$y'$ 为大气折光改正以前的像点坐标。

　　④ 地球曲率改正

　　以上各种系统误差都破坏了物像间的中心投影关系，而地球曲率影响则属于投影变换不同引起的差异。大地水准面是一个椭球面，而地图制图中采用的地面坐标系是以平面作为水准面的，这种差异直接影响解析空中三角测量的精度，因此必须进行改正。

　　由地球曲率引起像点坐标在辐射方向的改正为

$$\delta = \frac{H}{2Rf^2}r^3 \tag{6-7}$$

式中，$r$ 为以像底点为极点的向径，$r=\sqrt{x'^2+y'^2}$；$f$ 为摄影机主距；$H$ 为摄站点的航高；$R$ 为地球的曲率半径。

　　像点坐标的改正分别为

$$\left.\begin{array}{l} \delta_x = \dfrac{x'}{r}\delta = \dfrac{x'Hr^2}{2\,f^2R} \\[3mm] \delta_y = \dfrac{y'}{r}\delta = \dfrac{y'Hr^2}{2\,f^2R} \end{array}\right\} \tag{6-8}$$

式中，$x'$，$y'$ 为地球曲率改正以前的像点坐标。

　　最后，经摄影材料变形、摄影机物镜畸变差、大气折光差和地球曲率改正后的像点坐标为

$$\left.\begin{array}{l} x = x' + \Delta x + \mathrm{d}x + \delta_x \\[2mm] y = y' + \Delta y + \mathrm{d}y + \delta_y \end{array}\right\} \tag{6-9}$$

式中，$x$，$y$ 为经过各项误差改正后的像点坐标；$x'$，$y'$ 为经过摄影材料变形改正后的像点坐标；$\Delta x$，$\Delta y$ 为物镜畸变差引起的像点坐标改正值；$\mathrm{d}x$，$\mathrm{d}y$ 为大气折光引起的像点坐标改正值；$\delta_x$，$\delta_y$ 为地球曲率引起的像点坐标改正值。

　　2) 像对的相对定向

　　每个像对相对定向以左像片为基准，求右像片相对于左像片的相对定向元素，以航带中第一张像片的像空间坐标系作为像空间辅助坐标系，对第一个像对进行相对定向。之后保持左像片不动，即以第一个像对右片的相对定向角元素作为第二个像对左片的角元素，为已知值，再对第二个像对进行连续法相对定向，求出第三张像片相对于第二张像片的相对定向元素，如此下去，直到完成所有像对的相对定向为止。按式(5-31)，以最小二乘准则平差计算各个像对的相对定向元素。

　　相对定向后，整条航带的像空间辅助坐标系均转化为统一的像空间辅助坐标系。但由于各像对的基线是任意给定的，因此，各模型的坐标原点和比例尺不同，模型点在各自的像

空间辅助坐标系中的坐标按下式计算：

$$\begin{bmatrix} X_1 \\ Y_1 \\ Z_1 \end{bmatrix} = \boldsymbol{R}_1 \begin{bmatrix} x_1 \\ y_1 \\ -f \end{bmatrix}, \quad \begin{bmatrix} X_2 \\ Y_2 \\ Z_2 \end{bmatrix} = \boldsymbol{R}_2 \begin{bmatrix} x_2 \\ y_2 \\ -f \end{bmatrix} \tag{6-10}$$

$$N_1 = \frac{b_x Z_2 - b_z X_2}{X_1 Z_2 - X_2 Z_1}, \quad N_2 = \frac{b_x Z_1 - b_z X_1}{X_1 Z_2 - X_2 Z_1}$$

模型点坐标为

$$\left. \begin{array}{l} X = N_1 X \\ Y = \dfrac{1}{2}(N_1 Y_1 + N_2 Y_2 + b_y) \\ Z = N_1 Z_1 \end{array} \right\} \tag{6-11}$$

$Y$ 坐标取平均值是为了减少上下视差的影响，以上模型的计算都是以像对中左摄站点为坐标原点的坐标。

3）模型连接及航带网的构成

将单个模型连接成为航带模型，将各模型不同的比例尺归化为统一的比例尺。通常，以相邻像对重叠范围内 3 个连接点的高程应相等为条件，从左向右依次将后一模型的比例尺归化到前一模型的比例尺中，建立统一的以第一个模型的比例尺为基准的航带模型。这样，就可将各像对的模型坐标纳入全航带统一的坐标系中。

在图 6-1 中，①、②表示模型的编号，模型①中的 2、4、6 点与模型②中的 1、3、5 点是同名点，如果前后两个模型的比例尺一致，则点 1 在模型②中的高程与点 2 在模型①中的高程有以下关系：

$$Z_1^{②} = Z_2^{①} - B_{Z_1} \tag{6-12}$$

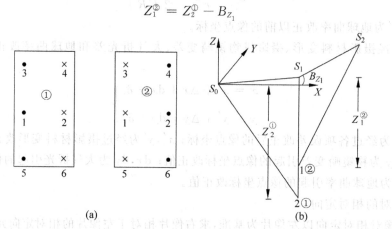

图 6-1　模型连接

如果前后两个模型的比例尺不一致，则

$$Z_1^{②} \neq Z_2^{①} - B_{Z_1} \tag{6-13}$$

其比例尺的规划系数为

$$k = (Z_2^{①} - B_{Z_1})/Z_1^{②} \tag{6-14}$$

式中，$Z_2^{①}$ 为模型①中点 2 的坐标；$Z_1^{②}$ 为模型②中点 1 的坐标；$B_{Z_1}$ 为在模型①中求得的相对定向元素。

为了提高模型连接的精度,模型比例尺归一化系数 $k$,取用由公共点 2、4、6 求得的各 $k$ 值的平均值,即

$$k_{均} = \frac{1}{3}(k_2 + k_4 + k_6) \tag{6-15}$$

求得模型比例尺归一化系数后,在后一模型中,每一模型点在像空间辅助直角坐标系中的坐标及基线分量 $B_X$、$B_Y$、$B_Y$ 均乘以归一化系数 $k$,就可获得与前一模型比例尺一致的坐标。由此可见,模型连接的实质就是求出相邻模型之间的比例尺归一化系数 $k$。这时需要注意的是各模型的比例尺虽然统一了,但是模型的像空间辅助坐标系并未统一,即各模型上模型点坐标的原点不一致。

求出各单个模型的摄影测量坐标后,将各个单模型连成一个整体的航带模型,将模型中所有的摄站点、模型点的坐标都纳入全航带统一的坐标系中。一般为第一幅影像所在的像空间辅助坐标系,以构成自由航带网。

因前一个模型的右摄站是后一个模型的左摄站,考虑模型比例归一化系数后,则第二个模型及以后各模型摄站点在全航带统一的坐标为

$$
\begin{aligned}
(X_p)_{S_2} &= (X_p)_{S_1} + kmb_{X_2} \\
(Y_p)_{S_2} &= (Y_p)_{S_1} + kmb_{Y_2} \\
(Z_p)_{S_2} &= (Z_p)_{S_1} + kmb_{Z_2}
\end{aligned}
\right\} \tag{6-16}
$$

第二个模型及以后各模型中模型点在全航带统一的坐标为

$$
\begin{aligned}
X_p &= (X_p)_{S_1} + kmNX_1 \\
Y_p &= \frac{1}{2}\big[(Y_p)_{S_1} + kmNY_1 + (Y_p)_{S_2} + kmN'Y_2\big] \\
Z_p &= (Z_p)_{S_1} + kmNZ_1
\end{aligned}
\right\} \tag{6-17}
$$

式中,各模型左站的坐标均由前一个模型求得。$b_{X_2}$,$b_{Y_2}$,$b_{Z_2}$ 为立体模型的模型基线分量;$X_1$,$Y_1$,$Z_1$ 为左像点的像空间辅助坐标;$Y_2$ 为右像点的像空间辅助坐标;$N$,$N'$ 为本像对左右像片的点投影系数;$m$ 为模型的摄影比例尺分母。

4) 航带模型的绝对定向

绝对定向是指把待定点的摄测坐标转换为地面摄测坐标。航带模型的绝对定向,即把航带模型视为一个整体,采用与单个模型定向完全相同的方法。其主要流程是:将控制点的地面坐标转化为地面摄影测量坐标;计算重心坐标和重心化坐标;建立绝对定向的误差方程,并进行法方程式的求解、绝对定向坐标的计算。

(1) 控制点的地面坐标转化为地面摄影坐标。由于航带网的绝对定向是在摄影测量坐标和地面摄影测量坐标系之间进行,同时也保证了绝对定向元素求解时角元素为小角值,以满足使用线性化公式的迭代计算条件。而地面控制量测得到的地面点坐标都是基于地面坐标系的,因此在绝对定向之前需要将控制点的地面测量坐标转换为地面摄影测量坐标,待绝对定向和航带网非线性改正之后,再将航带网的地面测量坐标返转到地面测量坐标系中。

由于地面摄影测量坐标系和地面测量坐标系的 $Z$ 轴互相平行,因此地面测量坐标系与地面摄影测量坐标系之间的转换,是一个平面坐标系之间的转换(只涉及 $XY$ 平面),实现这一转换的计算方法如下。

在航带网的两端分别选取点 1 和点 2 两个控制点,这两个控制点要同时具有地面测量坐标和地面摄影测量坐标。将测区内所有控制点的地面测量坐标和地面摄影测量坐标都转换为以点 1 为原点的坐标。即

$$
\left.\begin{array}{l}
X_{tAi} = X_{ti} - X_{t1} \\
Y_{tAi} = Y_{ti} - Y_{t1} \\
Z_{tAi} = Z_{ti} - Z_{t1} \\
X_{pAi} = X_{Pi} - X_{P1} \\
Y_{pAi} = Y_{Pi} - Y_{P1} \\
Z_{pAi} = Z_{Pi} - Z_{P1}
\end{array}\right\}
\tag{6-18}
$$

式中,$X_{tAi}$,$Y_{tAi}$,$Z_{tAi}$ 为转换坐标原点后控制点的地面坐标,$X_{pAi}$,$Y_{pAi}$ 可根据 $1,2$ 点的坐标,按前面所讲平面坐标的计算公式计算:

$$
\begin{bmatrix} X_{pA} \\ Y_{pA} \end{bmatrix} = \begin{bmatrix} \lambda\cos\theta & -\lambda\sin\theta \\ \lambda\sin\theta & \lambda\cos\theta \end{bmatrix} \begin{bmatrix} X_{tA} \\ Y_{tA} \end{bmatrix} = \begin{bmatrix} b & -a \\ a & b \end{bmatrix} \begin{bmatrix} X_{tA} \\ Y_{tA} \end{bmatrix}
\tag{6-19}
$$

式中,$\theta$ 为两平面坐标系轴系之间的夹角;$\lambda$ 为缩放系数。

在式(6-19)中 $\theta$ 和 $\lambda$ 为未知数,首先要根据点 1,点 2 两控制点在两坐标系的相应坐标求出参数 $a,b$ 和 $\lambda$。由式(6-19)求解得到

$$
\left.\begin{array}{l}
a = \dfrac{Y_{pA}X_{tA} - X_{pA}Y_{tA}}{X_{tA}^2 + Y_{tA}^2} \\[3mm]
b = \dfrac{X_{pA}X_{tA} + Y_{pA}Y_{tA}}{X_{tA}^2 + Y_{tA}^2}
\end{array}\right\}
\tag{6-20}
$$

$$
\lambda = \sqrt{a^2 + b^2} = \sqrt{\dfrac{X_{pA}^2 + Y_{pA}^2}{X_{tA}^2 + Y_{tA}^2}}
$$

当求得 $a,b,\lambda$ 之后,将全部的地面测量坐标按下式转化为地面摄影测量坐标:

$$
\begin{bmatrix} X_{pAi} \\ Y_{pAi} \end{bmatrix} = \begin{bmatrix} b & -a \\ a & b \end{bmatrix} \begin{bmatrix} X_{tAi} \\ Y_{tAi} \end{bmatrix}
\tag{6-21}
$$

$$
\boldsymbol{Z}_{pAi} = \lambda \boldsymbol{Z}_{tAi}
$$

完成这项地面测量坐标向地面摄影测量坐标的转换,再进行重心化坐标处理,就可以用第 5 章的模型绝对定向条件方程式,计算自由航带网模型的绝对定向元素。

(2) 计算重心坐标和重心化坐标。采用重心化坐标可以简化绝对定向的法方程,使法方程的某些系数项为零,从而达到简化计算的目的。

地面摄影测量坐标系中地面控制点的重心化:

重心坐标:

$$
X_{tpg} = \frac{\sum X_{tp}}{n}, \quad Y_{tpg} = \frac{\sum Y_{tp}}{n}, \quad Z_{tpg} = \frac{\sum Z_{tp}}{n}
$$

重心化坐标:

$$
\left.\begin{array}{l}
\bar{X}_{tpi} = X_{tpi} - X_{tpg} \\
\bar{Y}_{tpi} = Y_{tpi} - Y_{tpg} \\
\bar{Z}_{tpi} = Z_{tpi} - Z_{tpg}
\end{array}\right\}
\tag{6-22}
$$

航带模型像辅助空间坐标系中模型点坐标的重心化：

重心坐标：

$$X_{pg} = \frac{\sum X_p}{n}, \quad X_{pg} = \frac{\sum Y_p}{n}, \quad Z_{pg} = \frac{\sum Z_p}{n}$$

重心化坐标：

$$\left.\begin{array}{l} \overline{X}_{pi} = X_{pi} - X_{pg} \\ \overline{Y}_{pi} = Y_{pi} - X_{pg} \\ \overline{Z}_{pi} = Z_{pi} - Z_{pg} \end{array}\right\} \tag{6-23}$$

求重心坐标时，地面控制点与模型点的数目和点号应对应相同。

（3）建立绝对定向的误差方程并进行法方程的求解，最后进行绝对定向元素的计算。航带网的绝对定向，采用第 5 章的模型绝对定向条件方程式计算，求解航带模型的绝对定向元素，进而可将航带内所有模型点的摄影测量坐标 $(X_p, Y_p, Z_p)$ 变换为地面摄影测量坐标 $(X_{tp}, Y_{tp}, Z_{tp})$，从而完成航带网的绝对定向。实际上绝对定向元素的计算工作，都是把具体公式按实施计算的顺序编写成程序语言，由计算机完成。具体的计算机作业流程图如图 6-2 所示。

由于绝对定向后的航带网地面点坐标，必须做非线性变形改正，因此绝对定向无需精确重复趋近，一般只做一次趋近即可，因此也把此绝对定向称为概略定向。

5）航带模型的非线性改正

绝对定向后构成的航带模型仍存在着残余系统误差和偶然误差的影响，使航带网产生模型扭曲，所以以绝对定向后所获得的模型坐标只是在地面摄测坐标中的概略值，还需进行航带网的非线性变形改正。

实际上航带网变形的原因很复杂，不能用一个简单的数学式精确表达出来，通常采用多项式曲面来逼近复杂的变形曲面。在航带模型的非线性改正中，曲面 $Z = F(XY)$ 通过航带网中已知的控制点，使控制点上不符值的平方和最小（即符合最小二乘法原理），此时的曲面就是航带网的非线性变形曲面。

对航带网的非线性变形改正，首先要利用一定数量的已知控制点坐标，求得多项式曲面的各项系数（此时系数为未知数），确定一个已知多项式曲面，然后利用已求得的系数（非线性改正数）进行各待定点上的非线性变形改正，从而得到各加密点的坐标。多项式非线性改正的方法很多，常用的计算方法有两种：一种是对三维坐标 $(X, Y, Z)$ 分别采用独立多项式；另外一种是平面坐标采用正形变换多项式，而高程则采用一般多项式。这里介绍第一种方法。

以三次非完全多项式为例，非线性变形的改正公式为

$$\left.\begin{array}{l} \Delta X = A_0 + A_1 \overline{X} + A_2 \overline{Y} + A_3 \overline{X}^2 + A_4 \overline{XY} + A_5 \overline{X}^3 + A_6 \overline{X}^2 \overline{Y} \\ \Delta Y = B_0 + B_1 \overline{X} + B_2 \overline{Y} + B_3 \overline{X}^2 + B_4 \overline{XY} + B_5 \overline{X}^3 + B_6 \overline{X}^2 \overline{Y} \\ \Delta Z = C_0 + C_1 \overline{X} + C_2 \overline{Y} + C_3 \overline{X}^2 + C_4 \overline{XY} + C_5 \overline{X}^3 + C_6 \overline{X}^2 \overline{Y} \end{array}\right\} \tag{6-24}$$

式中，$\Delta X, \Delta Y, \Delta Z$ 为定向点系统误差的改正数，$\Delta X = \overline{X}_{tp} - \overline{X}$，$\Delta Y = \overline{Y}_{tp} - \overline{Y}$，$\Delta Z = \overline{Z}_{tp} - \overline{Z}$；$\overline{X}, \overline{Y}, \overline{Z}$ 为模型点绝对定向后点的重心化摄测坐标；$\overline{X}_{tp}, \overline{Y}_{tp}, \overline{Z}_{tp}$ 为相应点的重心化地面摄测坐标；$A_i, B_i, C_i$ 为待定参数。

图6-2  航带绝对定向流程图

三次多项式共有 21 个系数,至少需要 7 个平面高程控制点才能求解。当在航带内的控制点数量较少或航线长度较短时,一般可采用二次多项式,此时只需把式(6-24)右端的三次项略去即可。这时待定系数只有 15 个,至少需要 5 个平高控制点才能求解。

具体做法是:①将控制点重心化地面摄测坐标和相应绝对定向求得的重心化摄测坐标之间的不符值,代入式(6-24),求出待定参数 $A_i,B_i,C_i$;②将所求得的 $A_i,B_i,C_i$ 和待定点重心化摄测坐标,代入式(6-24),即可求得待定点的重心化地面摄测坐标。

### 3．航带法区域网空中三角测量主要步骤

航带法区域网空中三角测量(图 6-3)，是以单航带为基础，由几条航带构成一个区域整体平差，求解各航带的非线性变形改正系数，进而求得整个测区内全部待定点的坐标，其主要步骤如下：

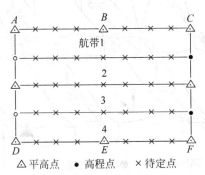

图 6-3　航带法区域网空中三角测量示意图

(1) 按单航带模型法分别建立航带模型，以取得各航带模型点在本航带统一的辅助坐标系中的坐标值。

(2) 各航带模型的绝对定向。从第一条航带开始，根据本航带内已知的地面控制点和下一航带的公共点进行绝对定向，以达到将各条自由航带网纳入全区域统一坐标系中的目的，从而求出区域内各航带模型点在全区域统一的地面摄影测量坐标系中的概略坐标。

(3) 计算重心坐标及重心化坐标。航带法区域网空中三角测量的结果是计算出各航带非线性改正的系数，而非线性改正要用到各航带的重心化坐标，因此各航带只需要各自的重心而不必取全区域统一的重心化坐标。

(4) 以模型中控制点的加密坐标应与外业实测坐标相等，以及相邻航带间公共连接点的坐标应相等为条件，列出误差方程式，并用最小二乘准则平差计算，整体求解各航带的非线性改正系数。

(5) 用平差计算得出的多项式系数，分别计算各模型点改正后的坐标值。此时，在控制点上仍会有残差，可根据此残差的不符值来衡量加密的精度。在相邻航带的公共点上，上下两条航线的两组坐标值也会有矛盾，当互差在允许限度内时，一般取均值作为加密点坐标。

## 6.1.4　独立模型法区域网空中三角测量

为了避免误差累积，可以以单模型或双模型作为平差单元计算。由一个个相互连接的单模型既可以构成一条航带网，也可以组成一个区域网，但构网过程中的误差却被限制在单个模型范围内，不会发生传递累积，这样就可以克服航带法区域网空中三角测量的不足，有利于提高加密精度。

### 1．基本思想

如图 6-4 所示，独立模型法区域网空中三角测量是基于单独法相对定向建立单个立体模型，再由一个个单模型相互连接组成一个区域网。由于各模型的像空间辅助坐标系和比例尺均不一致，因此，在模型连接时，要用模型内的已知控制点和模型间的公共点进行空间

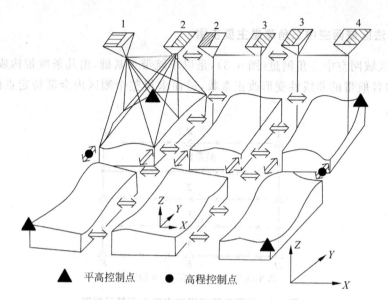

▲ 平高控制点　● 高程控制点

**图 6-4　独立模型法区域网空中三角测量示意图**

相似变换。首先将各个单模型视为刚体，利用各单模型间的公共点连成一个区域。在连接的过程中，每个模型只作平移、旋转及缩放，所以利用空间相似变换式就能完成上述任务。在变换中应使模型公共点的坐标尽可能一致，控制点的计算坐标应与实测坐标相等，同时误差的平方和应为最小，在满足这些条件情况下，根据最小二乘法准则对全区域网实施整体平差，求解每个模型的 7 个绝对定向参数，从而求出所有待定点的地面坐标。

### 2. 数学模型

按单独法相对定向建立单元模型后，将各单元模型视为刚体，分别进行三维线性变换，即

$$\begin{bmatrix} X_{tp} \\ Y_{tp} \\ Z_{tp} \end{bmatrix} = \lambda \boldsymbol{R} \begin{bmatrix} \overline{X} \\ \overline{Y} \\ \overline{Z} \end{bmatrix} + \begin{bmatrix} X_g \\ Y_g \\ Z_g \end{bmatrix} \qquad (6\text{-}25)$$

式中，$\overline{X}, \overline{Y}, \overline{Z}$ 为单元模型中任一模型点（包括投影中心）的重心化摄测坐标；$X_{tp}, Y_{tp}, Z_{tp}$ 为地面摄测坐标；$X_g, Y_g, Z_g$ 为该模型重心在地面摄测坐标系中的坐标；$\lambda$ 为单元模型的缩放系数；$\boldsymbol{R}$ 为单元模型绝对定向的角元素构成的旋转矩阵。

对式(6-24)线性化，列出误差方程式：

$$-\begin{bmatrix} v_x \\ v_y \\ v_z \end{bmatrix}_{i,j} = \begin{bmatrix} 1 & 0 & 0 & \overline{X} & \overline{Z} & 0 & -\overline{Y} \\ 0 & 1 & 0 & \overline{Y} & 0 & -\overline{Z} & \overline{X} \\ 0 & 0 & 1 & \overline{Z} & -\overline{X} & \overline{Z} & 0 \end{bmatrix}_{i,j} \begin{bmatrix} \Delta X_g \\ \Delta Y_g \\ \Delta Z_g \\ \Delta \lambda \\ \Delta b \\ \Delta \alpha \\ \Delta c \end{bmatrix} - \begin{bmatrix} \Delta X \\ \Delta Y \\ \Delta Z \end{bmatrix}_{i,j} - \begin{bmatrix} l_x \\ l_y \\ l_z \end{bmatrix}_{i,j} \qquad (6\text{-}26)$$

其中，

$$\begin{bmatrix} l_x \\ l_y \\ l_z \end{bmatrix}_{i,j} = \begin{bmatrix} X_0 \\ Y_0 \\ Z_0 \end{bmatrix}_{i,j} - \lambda \boldsymbol{R} \begin{bmatrix} \bar{X} \\ \bar{Y} \\ \bar{Z} \end{bmatrix}_{i,j} - \begin{bmatrix} X_g \\ Y_g \\ Z_g \end{bmatrix}_j \tag{6-27}$$

式中,$\Delta X$,$\Delta Y$,$\Delta Z$ 为待定点的坐标改正数;$i$ 为模型点点号;$j$ 为模型编号;$X_0,Y_0,Z_0$ 为模型公共点的坐标均值,在迭代趋近中,每次用新坐标值求得;其他符号含义同前。

对于控制点,若认为控制点上无误差,式(6-27)中的$(\Delta X \quad \Delta Y \quad \Delta Z)^T$ 值为零,常数项中$(X_0 \quad Y_0 \quad Z_0)^T$ 用控制点坐标$(X_{tp} \quad Y_{tp} \quad Z_{tp})^T$ 代入。对每一个公共连接点或控制点可列出上述一组误差方程式。

为便于计算,常把误差方程式中的未知数分为两组,即将每个模型的 7 个定向参数改正数及待定点地面坐标改正数各分为一组,记为

$$\boldsymbol{t} = (dX_g \quad dY_g \quad dY_g \quad d\lambda \quad d\varphi \quad d\omega \quad d\kappa)^T, \quad \boldsymbol{X} = (\Delta X \quad \Delta Y \quad \Delta Z)^T$$

将误差方程式写成矩阵形式

$$-\boldsymbol{V} = \boldsymbol{At} + \boldsymbol{BX} - \boldsymbol{L} \tag{6-28}$$

式中,$\boldsymbol{B}$ 为单位矩阵,记为 $\boldsymbol{B} = -\boldsymbol{E} = -\begin{bmatrix} 1 & 0 & 0 \\ 0 & 1 & 0 \\ 0 & 0 & 1 \end{bmatrix}$。

相应的法方程式为

$$\begin{bmatrix} \boldsymbol{A}^T\boldsymbol{A} & \boldsymbol{A}^T\boldsymbol{B} \\ \boldsymbol{B}^T\boldsymbol{A} & \boldsymbol{B}^T\boldsymbol{B} \end{bmatrix} \begin{bmatrix} \boldsymbol{t} \\ \boldsymbol{X} \end{bmatrix} = \begin{bmatrix} \boldsymbol{A}^T\boldsymbol{L} \\ \boldsymbol{B}^T\boldsymbol{L} \end{bmatrix} \tag{6-29}$$

或

$$\begin{bmatrix} \boldsymbol{N}_{11} & \boldsymbol{N}_{12} \\ \boldsymbol{N}_{21}^T & \boldsymbol{N}_{22} \end{bmatrix} \begin{bmatrix} \boldsymbol{t} \\ \boldsymbol{X} \end{bmatrix} = \begin{bmatrix} \boldsymbol{n}_1 \\ \boldsymbol{n}_2 \end{bmatrix} \tag{6-30}$$

通常待定点坐标未知数 $\boldsymbol{X}$ 的个数远远大于未知数 $\boldsymbol{t}$ 的个数,故在法方程求解时,往往是先消去含未知数较多的 $\boldsymbol{X}$,得到仅含未知数 $\boldsymbol{t}$ 的改化法方程式为

$$(\boldsymbol{N}_{11} - \boldsymbol{N}_{12}\boldsymbol{N}_{22}^{-1}\boldsymbol{N}_{12}^T)\boldsymbol{t} = \boldsymbol{n}_1 - \boldsymbol{N}_{12}\boldsymbol{N}_{22}^{-1}\boldsymbol{n}_2 \tag{6-31}$$

$$\boldsymbol{t} = (\boldsymbol{N}_{11} - \boldsymbol{N}_{12}\boldsymbol{N}_{22}^{-1}\boldsymbol{N}_{12}^T)^{-1}(\boldsymbol{n}_1 - \boldsymbol{N}_{12}\boldsymbol{N}_{22}^{-1}\boldsymbol{n}_2) \tag{6-32}$$

利用式(6-31)求出每个模型的绝对定向参数后,再按式(6-25)求得待定点的地面摄测坐标。

### 3. 作业流程

独立模型法区域网空中三角测量的主要作业流程为:

(1) 单独法相对定向建立单元模型,获取各单元模型的模型坐标,包括摄站点坐标;

(2) 利用相邻模型之间的公共点和所在模型的控制点,对每个单元模型分别作三维线性变换,按各自的条件列出误差方程式及法方程式;

(3) 建立全区域的改化法方程式,并按循环分块法来求解,求得每个模型点的 7 个绝对定向参数;

(4) 按已经求得的 7 个绝对定向参数,计算每个单元模型中待定点的坐标,若为相邻模

型的公共点,取其均值作为最后结果。

独立模型法区域网空中三角测量的计算工作量大,若对于 4 条航线,每条航线 10 个模型,每个模型 6 个点的普通区域,法方程中模型绝对定向未知数的个数 $t=4\times10\times7=280$。为了提高计算速度,有时也采用平面与高程分开求解的方法。

## 6.1.5　光束法区域网空中三角测量

### 1. 基本思想及主要内容

光束法区域网空中三角测量是以每张像片所组成的一束光线作为平差的基本单元,以共线条件方程式作为平差的基础方程。通过各个光束在空中的旋转和平移,使模型之间公共点的光线实现最佳交会,并使整个区域纳入已知的控制点地面坐标系中。所以要建立全区域统一的误差方程式,整体求解全区域内每张像片的 6 个外方位元素以及所有待求点的地面坐标,如图 6-5 所示。

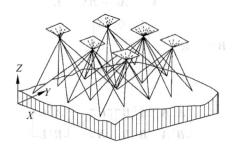

图 6-5　光束法区域网空中三角测量示意图

光束法区域网空中三角测量的主要内容包括:

(1) 获取每张像片外方位元素及待定点坐标的近似值;

(2) 从每张像片上控制点、待定点的像点坐标出发,按共线条件列出误差方程式;

(3) 逐点法化建立改化法方程式,按循环分块的求解方法,先求出其中的一类未知数,通常先求每张像片的外方位元素;

(4) 按空间前方交会求待定点的地面坐标,对于相邻像片的公共点,应取其平均值作为最后结果。

在某些特定情况下,第(3)步也可以先消去每幅影像外方位元素的未知数而建立只含坐标未知数的改化法方程式,直接求解待定点的地面坐标。

### 2. 误差方程式与法方程式的建立

同单张像片空间后方交会一样,光束法平差仍是以共线条件方程式作为基本的数学模型,像点坐标观测值是未知数的非线性函数,仍要进行线性化,与单张像片空间后方交会不同的是,对待定点的地面坐标 $(X,Y,Z)$ 也要进行偏微分,所以,线性化过程中要提供每张像片外方位元素的近似值及待定坐标的近似值,然后逐渐趋近求出最佳解。在内方位元素已知的情况下,视像点坐标为观测值,其误差方程式可表示为

$$v_x = a_{11}\Delta X_S + a_{12}\Delta Y_S + a_{13}\Delta Z_S + a_{14}\Delta\varphi + a_{15}\Delta\omega + a_{16}\Delta\kappa - a_{11}\Delta X - a_{12}\Delta Y - a_{13}\Delta Z - l_x$$
$$v_y = a_{21}\Delta X_S + a_{22}\Delta Y_S + a_{23}\Delta Z_S + a_{24}\Delta\varphi + a_{25}\Delta\omega + a_{26}\Delta\kappa - a_{21}\Delta X - a_{22}\Delta Y - a_{23}\Delta Z - l_y$$

$$(6-33)$$

式中，$v_x$，$v_y$ 为观测值 $x$，$y$ 的改正数；$\Delta X_S$，$\Delta Y_S$，$\Delta Z_S$，$\Delta\varphi$，$\Delta\omega$，$\Delta\kappa$ 为外方位元素的改正数；$a_{ij}$ 为误差方程的系数项；$l_x = x-(x)$，$l_y = y-(y)$，$(x)$，$(y)$ 为把未知数的近似值代入共线条件式计算得到的像点坐标的近似值，当每一像点的 $l_x$，$l_y$ 小于某一限差时，迭代计算结束。

式(6-33)写成矩阵形式为

$$V = \begin{bmatrix} A & B \end{bmatrix} \begin{bmatrix} t \\ X \end{bmatrix} - L \qquad (6-34)$$

式中：

$$V = (v_x \quad v_y)^{\mathrm{T}}$$

$$A = \begin{bmatrix} a_{11} & a_{12} & a_{13} & a_{14} & a_{15} & a_{16} \\ a_{21} & a_{22} & a_{23} & a_{24} & a_{25} & a_{26} \end{bmatrix}$$

$$B = \begin{bmatrix} -a_{11} & -a_{12} & -a_{13} \\ -a_{21} & -a_{22} & -a_{23} \end{bmatrix}$$

$$t = (\Delta X_S \quad \Delta Y_S \quad \Delta Z_S \quad \Delta\varphi \quad \Delta\omega \quad \Delta\kappa)$$

$$X = (\Delta X \quad \Delta Y \quad \Delta Z)^{\mathrm{T}}$$

$$L = (l_x \quad l_y)^{\mathrm{T}}$$

对每个像点，可列出一组形如式(6-34)的误差方程式，其相应的法方程式为

$$\begin{bmatrix} A^{\mathrm{T}}A & A^{\mathrm{T}}B \\ B^{\mathrm{T}}A & B^{\mathrm{T}}B \end{bmatrix} \begin{bmatrix} t \\ X \end{bmatrix} = \begin{bmatrix} A^{\mathrm{T}}L \\ B^{\mathrm{T}}L \end{bmatrix} \qquad (6-35)$$

用新的矩阵符号表示为

$$\begin{bmatrix} N_{11} & N_{12} \\ N_{21} & N_{22} \end{bmatrix} \begin{bmatrix} t \\ X \end{bmatrix} = \begin{bmatrix} M_1 \\ M_2 \end{bmatrix} \qquad (6-36)$$

一般情况下，待定点坐标的未知数个数要远大于像片外方位元素 $t$ 的个数，对式(6-36)消去未知数 $X$，可得未知数 $t$ 的解为

$$t = (N_{11} - N_{12}N_{22}^{-1}N_{21})^{-1} \cdot (M_1 - N_{12}N_{22}^{-1}M_2) \qquad (6-37)$$

利用式(6-37)求出每张像片的外方位元素后，再利用双像空间前方交会公式求得全部待定点的地面坐标，也可以利用多片前方交会求得待定点的地面坐标。

如果每幅影像的外方位元素已知，则根据式(6-33)可以列出空间前方交会点误差方程：

$$v_x = -a_{11}\Delta X - a_{12}\Delta Y - a_{13}\Delta Z - l_x$$
$$v_y = -a_{21}\Delta X - a_{22}\Delta Y - a_{23}\Delta Z - l_y$$

$$(6-38)$$

如果有一个待定点跨了几张像片，则可以列出形如式(6-38)的 $2n$（$n$ 为所跨像片张数）个误差方程式，将所有待定点的误差方程组成法方程式，解出每个待定点的地面坐标近似值的改正数，加上近似值后得到该点的地面坐标。

### 3. 像片外方位元素和地面点近似值的获取

进行光束法平差的第一步就是要确定外方位元素和待定点的近似值。光束法是以共线

方程作为数学模型,然后进行线性化,并按最小二乘法进行平差计算。在计算中需要以近似值为基础,然后构建法方程,并逐次迭代趋近出最佳解。初始值的提供非常重要,初始值越接近最佳值,求解的收敛速度越快,而不合理的初始值不仅会影响计算的收敛速度,甚至可能得不到正确解,造成结果发散不收敛,因此光束法平差之前选择合理的初始值是很重要的。一般确定像片外方位元素和地面点坐标近似值的方法有如下几种。

1) 利用航带法的测量成果

航带法空中三角测量,理论上不十分严密,精度偏低,但其加密的结果作为光束法的初始值是最佳的。其具体做法是进行航带法空三测量,得到全测区每个像对所需测图控制点的地面摄影测量坐标,然后用航带法求出各地面点坐标进行后方交会,求出所有像片的外方位元素。这些值作为光束法平差时未知数的初始值,对计算非常有利,这是最好的确定光束法初始值的方法。

2) 利用已有的旧地图

这种方法就是将航摄像片与旧地图进行对比,找到在像片上和旧地图上都有的明显地物的位置,并在旧地图上读取点位坐标,再根据像片上像点的点位坐标,确定摄站点的近似值。一般认为航摄近似竖直摄影,三个角元素本身就是小角,所以先取零。这种方法需要人工操作,工作量大又繁琐,即使生成数字地图也很不方便,因此很少使用。

## 6.1.6 三种区域网平差方法的比较

本章介绍了解析空中三角测量中常用的三种区域网平差方法,现从三种方法采用的数学模型和平差原理来比较这三种方法的特点,以及在实际生产中如何选择合适的区域网平差方法。

航带法是从模拟仪器上的空中三角测量演变过来的,是一种分步的近似平差方法。在进行航带网的非线性改正时,要顾及航带网的公共点和区域内的控制点,使之达到最佳符合值。因此,航带法区域网平差的数学模型是航带坐标的非线性多项式的改正公式,平差单元为一条航带,把航带的地面坐标视为观测值,整体平差求解出各航带的非线性改正系数。因此航带网法平差方便,速度快,但精度不高。目前,航带网法区域网平差主要提供初始值和小比例尺低精度定位加密。

独立模型法区域网平差是源于单元模型的空间模拟变换。该方法平差的数学模型是空间相似变换式,平差单元为独立模型,并以模型的坐标为观测值。未知数是各个模型空间相似变换的 7 个参数及待定点的地面坐标。该方法平差求解的未知数较多,可将平面和高程分开求解,仍能得到较严密的平差结果。

光束法区域网平差的数学模型是共线条件方程,平差单元是单个光束,像点坐标是观测值,未知数是每张像片的外方位元素及所有待定点的地面坐标。误差方程直接由像点坐标的观测值列出,能对像点坐标进行系统误差改正。光束法区域网平差是最严密的方法,目前已经成为解析空中三角测量的主流方法。

与前两种方法比较,光束法区域网平差公式是由共线方程式线性化得到的,因此,必须提供未知数的近似值,但是由于未知数个数多,计算量大,也影响了求解速度。表 6-1 从基本思想、平差形式和模型特点三方面对比分析了三种空中三角测量方法。

表 6-1　三种空中三角测量方法对比

| 类　型 | 基本思想 | 平差形式 | 模 型 特 点 |
|---|---|---|---|
| 航带法 | 由模拟仪器演变而来 | 分步近似平差 | 未知数少、解算快捷、精度低 |
| 独立模型法 | 单元模型空间相似变换 | 严密平差 | 未知数多,解算速度中等 |
| 光束法 | 摄影过程的几何反转 | 最严密平差 | 精度高、未知数多、计算量大、速度慢 |

# 6.2　GPS 辅助空中三角测量

空中三角测量主要目的是求解加密点地面坐标,同时也要确定各个摄站点的空间位置和像片的空间姿态,即像片的 6 个外方位元素(3 个线性元素 $X_S, Y_S, Z_S$ 和 3 个角元素 $\varphi, \omega, \kappa$)。传统的空中三角测量虽然能大大减少外业控制点的数量,但是对于多条航带大面积空中三角测量所需的外控制点数量仍然较多。外业控制点的测量历来都是一项工作量大、工作周期长、作业成本高的测量过程,特别是在荒漠、森林、高山等困难地区更是如此,因此尽量减少外业控制的数量,其至实现无外业控制点定位一直是摄影测量工作者奋斗的目标。

随着 GPS 动态定位技术的发展,利用带有 GPS 的摄影测量系统可直接获取拍摄瞬间摄影中心的空间位置,该技术可以极大地减少地面控制点的数量,如图 6-6 及图 6-7 所示,是传统的光束法空中三角测量和 GPS 辅助空中三角测量的控制点布设图,从图中可以明显看到 GPS 的加入大大减少了地面控制点的数量,节省外业测量的工作量。GPS 辅助空中三角测量可快速获得每张航摄像片的 3 个线性外方位元素,从而减少了待求的未知数个数,只需少量地面控制点就可以得到精度较高的加密点坐标,在小比例尺地形图测绘中甚至可以不要地面控制点,实现无地面控制点的空中三角测量。

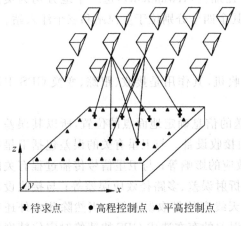

➕待求点　●高程控制点　▲平高控制点

**图 6-6　传统的光束法空中三角测量**

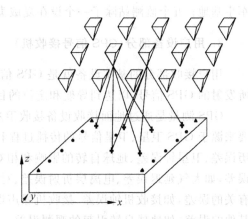

**图 6-7　GPS 辅助空中三角测量控制点布设图**

## 6.2.1　GPS 简介

美国从 20 世纪 70 年代开始研制 GPS 系统,历时 20 年,耗资 200 亿美元,于 1994 年全面建成,为全球用户提供低成本、高精度的三维位置、速度和精确定时等导航信息。GPS 以全天候、高精度、自动化、高效益并且测站间不需通视等显著特点,赢得广大测绘工作者的信赖,并成功应用于大地测量、工程测量、航空摄影测量、工程变形监测、资源勘察等许多学科,从而给测绘领域带来一场深刻的技术革命。

GPS卫星全球定位系统包括下列三大部分。

### 1. 空间部分(GPS空间卫星星座)

GPS空间卫星星座由21颗工作卫星和3颗在轨备用卫星组成。24颗卫星基本上均匀分布在6个轨道平面内,轨道平面相对于赤道平面的倾角为55°,各个轨道平面之间交角为60°,因此,它们的升交点赤经各相差60°,在每个轨道平面内各颗卫星之间的升交角距相差90°,它们距地面的平均高度为20200km,运行周期为11h58min,可视时间为5h07min。GPS卫星的射电频率为1575MHz和1227MHz,能够补偿电离层效应影响。每个用户同时可见至少4颗GPS卫星,至多9颗GPS卫星。

### 2. 地面控制部分(地面监控系统)

GPS卫星作为一种动态已知点,它的"已知数据"作为表达卫星运动和轨道参数的"卫星星历",不可能也没必要在卫星上设置庞杂的机构去测算和编制,这些星历是由地面站测算好并编成电文形式发送给卫星,再由卫星转发至地面用户。另外,卫星上各种设备是否正常工作,是否启用配件,卫星运行情况,是否纠正运行轨道以及使各卫星处于同一时间标准——GPS时间系统等都是由地面站来完成的。

GPS工作卫星采用的地面监控系统包括:一个主控站,三个注入站和五个监测站。主控站位于美国本土科罗拉多·斯平士(Colorado Spings)的联合空间执行中心(consolidated space operation center,CSOC);三个注入站分别设在大西洋的阿森松岛(Ascension),印度洋的迭戈·伽西亚(Diego Garcia)和太平洋的卡瓦加兰(Kwajalein),这三个地方均为美国军事基地;五个监测站除了一个设在夏威夷外,其余四个分别位于主控站和三个注入站。

### 3. 用户设备部分(GPS信号接收机)

用户接收部分的基本设备就是GPS信号接收机,其作用是接收、跟踪、变换GPS卫星所发射的GPS信号,以达到导航和定位的目的。

GPS测量是通过地面接收设备接收卫星传送的信息确定地面点的位置,所以其误差主要来源于GPS卫星、卫星信号的传播过程和地面接收设备。与卫星有关的误差包括卫星星历误差、卫星钟误差、地球自转的影响和相对论效应的影响等;与卫星信号传播过程有关的误差,如大气延迟误差、电离层折射误差、对流层折射误差、多路径效应误差等;与接收设备有关的误差,如接收机钟误差、接收机噪声误差、天线高的量取误差等。当然除此之外还有其他的误差,如地球自转引起的观测误差。这些误差的存在造成GPS快速绝对定位精度极低,通过在两站或者多站同步跟踪相同的GPS卫星,也就是差分GPS(differential GPS,DGPS),可以有效消除这些误差的影响。

差分GPS是利用已知精确三维坐标的差分GPS基准台,求得伪距修正量或位置修正量,再将这个修正量实时或事后发送给用户(GPS导航仪),对用户的测量数据进行修正,以提高GPS定位精度。差分GPS(DGPS)是在正常的GPS外附加(差分)修正信号,此改正信号提高了GPS的精度。根据差分GPS基准站发送信息的方式可将差分GPS定位分为三类,即位置差分、伪距差分和相位差分。这三类差分方式的工作原理是相同的,即都是由基准站发送改正数,由用户站接收并对其测量结果进行改正,以获得精确的定位结果。所不同的是,发送改正数的具体内容不一样,其差分定位精度也不同。

三种差分方法中载波相位差分的精度较高,载波相位差分技术又称为 RTK 技术(real time kinematic),是建立在实时处理两个测站的载波相位基础上的。它能实时提供观测点的三维坐标,并达到厘米级的高精度。GPS 辅助空中三角测量及 POS 辅助空中三角测量均采用载波相位 GPS 差分技术。GPS 载波相位技术由基准站通过数据链实时将其载波观测及站坐标信息一同传送给用户站。用户站接收 GPS 卫星的载波相位及来自基准站的载波相位,并组成相位差分观测值进行实时处理,能实时给出厘米级的定位结果。

差分的方法分为单差分、双差分和三差分等。单差分可以消除常数误差,如卫星时钟误差;双差分能消除接收机误差,也能减弱轨道星历偏差、电磁折射等影响,是目前常用的解算方式;三差分虽然消除了整周未知数,但是独立观测方程的数目减少了,影响了精度。

## 6.2.2 GPS 辅助空中三角测量基本原理

GPS 辅助空中三角测量是利用装在飞机和设在地面的一个或多个基准站上的至少两台 GPS 信号接收机同时而连续地观测 GPS 卫星信号,同时获得航摄像片摄影瞬间航摄仪快门开启脉冲。通过 GPS 载波相位差分测量定位技术的离线数据,经过后处理,获取航摄仪曝光时刻摄站的三维坐标,然后将其视为附加观测值,引入摄影测量区域网平差中,采用统一的数学模型和算法,整体确定点位并对其质量进行评定的理论、技术和方法。

GPS 辅助空中三角测量的基本思想就是由载波相位差分 GPS 进行定位获得摄站点的空间坐标,并将摄站点的空间坐标作为区域网平差中的附加非摄影测量观测值,以空中控制取代地面控制的方法进行区域网平差,这样可以大大减少甚至免除传统空中三角测量所必需的地面控制点,从而提高空中三角测量的速度,降低其成本。

## 6.2.3 GPS 辅助空中三角测量的作业过程

GPS 辅助空中三角测量的作业过程大体上可分为以下四个阶段。

### 1. 现行航空摄影系统改造及偏心测定

为了能测得摄影瞬间摄影中心的空间位置,需要在航摄飞机顶部适当位置安装高动态 GPS 天线,以便能接收到 GPS 卫星信号;在航摄像机中加装曝光传感器及脉冲装置,以记录和输出摄像机快门开启时刻的脉冲信号;在 GPS 机载信号接收机上加装外部事件输入装置,将摄像机曝光时刻的脉冲准确载入 GPS 信号接收机的时标上。这三者(GPS 天线,GPS 接收机,摄像机)稳固的连成一体,如图 6-8 所示,构成 GPS 辅助航空摄影系统。

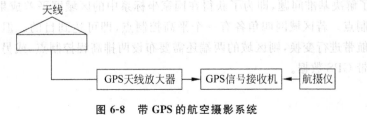

图 6-8 带 GPS 的航空摄影系统

GPS天线一般固定在飞机的顶部,而航摄像机总是安装固定在飞机的底部,GPS天线中心与航摄像机摄影中心并不重合,存在偏差(偏心),在正常状态下偏心距是一个常数,可以用近景摄影测量、经纬仪测量法或平板玻璃直接投影法测出。

### 2. 带GPS信号接收机的航空摄影

在航空摄影过程中,以0.5～1.0s的数据更新率,用至少两台分别设在地面基准站和飞机上的GPS接收机同时、连续地观测GPS卫星信号,以获取GPS载波相位观测量和航摄仪曝光时刻。

### 3. 求解GPS摄站坐标

GPS历元就是某一时刻接收卫星信号的时段数,如GPS接收机采集数据时将采样间隔设置为10s,那么每一个10s称为一个历元,航摄像机像片曝光的时刻,不一定和GPS的观测历元重合,这个时候就要由差值法通过相邻两个历元的GPS天线位置内插出曝光时刻GPS天线位置。因此GPS摄站坐标的求解分为两步:首先要用专业软件求出每一观测历元时刻GPS天线的空间位置,然后在相邻两个GPS历元时刻的天线中心位置内插出曝光时刻GPS摄站坐标。

### 4. GPS摄站坐标与摄影测量数据的联合平差

首先要确定GPS摄站坐标与摄影中心坐标的几何关系式,计算出GPS摄站坐标和摄影中心的线性关系式,然后将其代入光束法区域网平差的方程中,共同构建GPS辅助光束法区域网空中三角测量的误差方程和法方程。法方程的求解仍然可以采用传统的边法化边消元的循环分块方法求解未知数。

### 5. GPS辅助空中三角测量中GPS精度和可靠性分析

利用GPS数据进行空中三角测量的预期精度和可靠性如下。

(1)GPS摄站坐标在区域网联合平差中是极其有效的,只需要中等精度的GPS摄站坐标,即可满足测图的要求,详见表6-2。

(2)外方位线元素的利用一般比角元素更有效。附加的姿态测量数据在其精度很高时,可以用来改善高程加密精度。

(3)利用GPS数据的光束法区域网平差有较好的可靠性,这包括GPS数据自身的可靠性以及像点坐标观测值和少量地面控制点的可靠性。

(4)从理论上讲,GPS提供的摄站点坐标用于区域网平差可完全取代地面控制点,条件是此时区域网平差是在GPS直角坐标系中进行的。

(5)为了解决基准问题,即为了获得在国家坐标系中的区域网平差成果,要求有一定数量的地面控制点。若区域网四角各有一个平高控制点,即可达到目的。但是,如果GPS坐标必须逐条航带进行变换,则区域的两端还需要布设两排高程控制点,或另加飞两条构架垂直航带并且带GPS数据。

表 6-2 联合平差对 GPS 摄站坐标的精度要求

| 测图比例尺 | 摄影比例尺 | 对空中三角的精度要求 | | 等高距 | 对 GPS 的精度要求 | |
|---|---|---|---|---|---|---|
| | | $\mu_{x,y}$ | $\mu_z$ | | $\sigma_{x,y}$ | $\sigma_z$ |
| 1:100000 | 1:100000 | 5m | <4m | 20m | 30m | 16m |
| 1:50000 | 1:70000 | 2.5:m | 2m | 10m | 15m | 8m |
| 1:25000 | 1:50000 | 1.2m | 1.2m | 5m | 5m | 4m |
| 1:10000 | 1:30000 | 0.5m | 0.4m | 2m | 1.6m | 0.7m |
| 1:5000 | 1:15000 | 0.25m | 0.2m | 1m | 0.8m | 0.35m |
| 1:1000 | 1:8000 | 5cm | 10cm | 0.5m | 0.4m | 0.15m |
| 高精度点位测定 | 1:4000 | 1～2cm | 6cm | — | 0.15m | 0.15m |

# 6.3 POS 辅助全自动空中三角测量

定位定姿系统(position and orientation system,POS)集差分 GPS(DGPS)技术和惯性测量装置(IMU)技术于一体,可以获取移动物体的空间位置和三轴姿态信息,广泛应用于飞机、舰船和导弹的导航定位。POS 主要包括 GPS 信号接收机和惯性测量装置两个部分,也称 GPS/IMU 集成系统。利用 POS 系统可以在航空摄影过程中直接测定每张像片的 6 个外方位元素,从而可以进一步减少外业像片控制测量工作,提高摄影测量的生产效率。POS 系统的工作流程如图 6-9 所示。

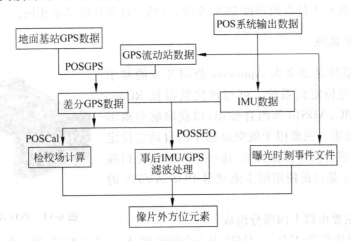

图 6-9 POS 系统工作流程图

## 6.3.1 POS 辅助空中三角系统的组成

POS 辅助空中三角系统的主要包括航摄像机、导航控制系统、IMU 高精度姿态测量系统、IMU 与像机连接架、机载 GPS 及地面 GPS 基站接收机等。软件包括 GPS 数据差分处理软件、GPS/IMU 滤波处理软件以及检校计算软件。图 6-10 是 POS 系统组成示意图。

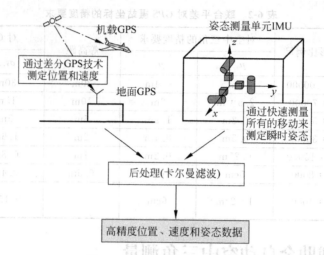

图 6-10　POS 系统组成示意图

## 6.3.2　国外主要的 POS 系统

　　将 POS 系统和航摄仪集成在一起,通过 GPS 载波相位差分定位获取航摄仪的位置参数及惯性测量装置(IMU)测定航摄仪的姿态参数,经 IMU、DGPS 数据的联合后处理,可直接获得测图所需的每张像片的 6 个外方位元素,能够大大减少乃至无须地面控制直接进行航空影像的空间地理定位。目前国际常用的 POS 系统有德国的 AeroControl 和加拿大的POS/AV,也是世界上仅有的两种 POS 系统,这两个设备性能基本相同。

### 1. POS AV 系统

　　POS AV 系统是加拿大 Applanix 公司开发的基于DGPS/IMU 的定位定向系统。可与现代航摄仪 RC30、RMK TOP、DMC、ADS40 等组合使用,以获取航空摄影的 6 个外方位元素。主要用于航空遥感中的自动定位定向,直接解算传感器的外方位元素,还可应用于激光扫描等领域。图 6-11 是目前使用的主流型号 POS AV510 的外观图。

图 6-11　POS AV510 外观图

　　POS AV 主要由以下四部分组成:

　　(1) 惯性测量装置(IMU):IMU 由三个加速度计、三个陀螺仪、数字化电路和一个执行信号调节及温度补偿功能的中央处理器组成。经过补偿的加速度计和陀螺仪数据可作为速度和角度的增率,通过一系列界面传送到计算机系统 PCS,典型的传送速率为 $200 \sim 1000\,\text{Hz}$。然后 PCS 在捷联式惯性导航器中组合这些加速度和角度速率,以获取 IMU 相对于地球的位置、速度和方向。

　　(2) GPS 接收机:GPS 系统由一系列 GPS 导航卫星和 GPS 接收机组成,采用载波相位差分的 GPS 动态定位技术求解 GPS 天线相位中心位置。在多数应用中,POS AV 系统采用内嵌式低噪双频 GPS 接收机为数据处理软件提供波段和距离信息。

　　(3) 主控计算机系统(PCS):PCS 包含 GPS 接收机、大规模存储系统和一个实时组合导航的计算机。实时组合导航计算的结果作为飞行管理系统的输入信息。

（4）数据后处理软件包 POSPac：POS AV 系统的核心是集成的惯性导航算法软件 POSPac，由 POSRT、POSGPS、POSProc、POSEO 四个模块组成。POSPac 数据后处理软件既可以实时在 PCS 上运行，也可以在后处理时使用，通过处理 POS AV 系统在飞行中获得的 IMU 和 GPS 原始数据以及 GPS 基准站数据得到最优的组合导航解。当 POS 系统用于摄影测量时，最后还需要利用 POSPac 软件中的 POSEO 模块解算每张影像在曝光瞬间的外方位元素。

组合惯性导航软件同时装备在实时计算机系统 PCS 和后处理软件 POSPac 中。在这个软件中，GPS 观测用来辅助 IMU 导航数据，提供一个姿态与位置混合的解决方案。这种方法保留了 IMU 导航数据的动态精度，但同时能够拥有 GPS 的绝对精度。

### 2．AeroControl 系统

AeroControl 系统是德国 IGI 公司开发的高精度机载定位定向系统（图 6-12），主要由以下三个部分组成：

（1）惯性测量装置 IMU：装置由三个加速度计，三个陀螺仪和信号预处理器组成。IMU-Ⅱd 能够进行高精度的转角和加速度的测量。

（2）GPS 接收机：接收 GPS 数据。

（3）计算机装置：采集未经任何处理的 IMU 和 GPS 数据并将它们保存在 PC 卡上用于后处理，协同 GPS、IMU 以及所用的航空传感器的时间同步。计算机装置实时组合导航计算的结果作为 CCNS4 的输入信息。

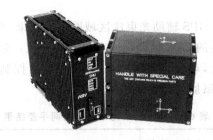

**图 6-12　AeroControl 高精度 GPS/IMU 定位定向系统**

CCNS4 是用于航空飞行任务的导航、定位和管理的系统。CCNS4 控制管理 AeroControl，通过 CCNS4 的一个菜单条目，可以开始和停止 AeroControl 系统记录数据。同时，CCNS4 能够监控数据的记录，监测 GPS 接收机运行情况和实时组合导航计算的结果。CCNS4 和 AeroControl 既可作为两个独立系统分别运行，也可作为一个整体来运行。后处理软件 Aerooffice 提供了处理和评定采集数据所需的全部功能。软件除了提供 DGPS/IMU 的组合卡尔曼滤波功能外，还提供用于将外定向参数转化到本地绘图坐标系的工具。

IMU/DGPS 系统可以与多种传感器（如光学航摄仪、高光谱仪、数字航摄仪、LIDAR 以及 SAR）相连，实现直接传感器定向或辅助定向测量。其中线阵推扫式数字航摄仪（如徕卡公司的 ADS40）以及 LIDAR（机载激光三维扫描系统）中必须包含 IMU/DGPS 系统。

# 6.4 几种空中三角测量的比较

## 1. 数据处理流程

带 GPS/POS 的空中三角测量处理流程与常规的空中三角测量流程相比,人工干预较少、自动化程度更高,图 6-13 对比了两种方法的处理流程。

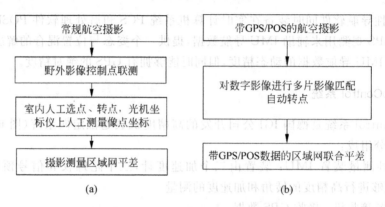

图 6-13 摄影测量区域网平差的主要过程

(a) 常规空中三角测量;(b) GPS 辅助空中三角测量

## 2. 数据精度比较

表 6-3 为哈尔滨试验区 GPS 辅助光束法区域网平差结果,有地面控制点的 GPS 辅助空中三角测量和无地面控制点的 GPS 辅助空中三角测量相比:对高程的精度影响不大,但是对平面坐标的精度影响较大,对于大比例尺地形图,无地面控制点的 GPS 辅助空中三角测量精度无法满足要求,必须添加少量地面控制点

表 6-3 GPS 辅助光束法区域网平差结果

| 平差方案 | $\delta_0/\mu m$ | 检查点最大残差/m | | 理论精度 | | | | 实际精度 | | | |
|---|---|---|---|---|---|---|---|---|---|---|---|
| | | 平面 | 高程 | 平面/m | 高程/m | 平面 $\delta_0/\mu m$ | 高程 $\delta_0/\mu m$ | 平面/m | 高程/m | 平面 $\delta_0/\mu m$ | 高程 $\delta_0/\mu m$ |
| 四角布点 GPS 辅助光束法平差 | 11.0 | 6 | 11 | 0.189 | 0.236 | 2.1 | 2.7 | 0.242 | 0.291 | 2.8 | 3.3 |
| 无地面控制 GPS 辅助光束法平差 | 12.3 | 11 | 6 | 0.339 | 0.279 | 3.4 | 2.8 | 0.799 | 0.272 | 8.1 | 2.8 |

表 6-4 是安阳地区航摄像片四种处理方法(经典光束法、前方交会法、POS 辅助光束法区域网平差和带四角控制 POS 辅助光束法区域网平差)的精度比较。该航摄像片的航摄比例尺为 1∶4000,成图比例尺为 1∶1000。

表 6-4　航摄像片四种光束法精度比较

| 平差方案 | | 经典光束法 | 前方交会法 | POS 辅助光束法区域网平差 | 带四角控制 POS 辅助光束法区域网平差 |
|---|---|---|---|---|---|
| 检查点数 | | 33/17 | 116 | 47 | 43 |
| 最大残差 /m | 平面 | 0.336 | 0.520 | 0.324 | 0.309 |
| | 高程 | 0.127 | 0.428 | 0.241 | 0.223 |
| 实际精度 /m | $X$ | 0.118 | | 0.109 | 0.107 |
| | $Y$ | 0.095 | | 0.086 | 0.086 |
| | 平面 | 0.151 | 0.204 | 0.139 | 0.137 |
| | 高程 | 0.069 | 0.139 | 0.105 | 0.106 |

经试验及生产实践证明,POS 系统的辅助空中三角测量,对于 1∶50000 比例尺航测成图无须地面控制点,空中三角测量,采用直接传感器定向即可达到精度要求;对于 1∶5000～1∶10000 比例尺成图,可加测少量地面控制点参与平差,提高整体精度;对于 1∶1000 及 1∶2000 比例尺航测成图可大幅减少地面控制点的数量。POS 系统在航摄中拥有广阔的应用前景。

### 3．常规空中三角测量与 GPS/POS 辅助空中三角测量整体比较

表 6-5 中比较了常规空中三角测量和引入 GPS 后的空中三角测量在航片拍摄、外业控制点测量获取和平差结果精度等方面的差异。

表 6-5　常规空中三角测量和 GPS 辅助空中三角测量比较

| 比 较 项 目 | 常规空中三角测量 | GPS 辅助自动空中三角测量 |
|---|---|---|
| 航空摄影 | 常规航空摄影飞行 | 带 GPS 相位差分的航空摄影飞行,增加约 15% 的航摄费用 |
| 外业像片控制点联测 | 需一个作业季节进行外业控制测量 | 只需少量地面控制点,在航摄时用 GPS 测量技术同步完成 |
| 内业选测点 | 人工作业(慢、差、费) | 全自动完成(快、好、省) |
| 像片坐标测量 | 人工作业(慢、精度低) | 全自动完成(快、精度高) |
| 区域网平差 | 精度取决于地面控制点数量和分布 | 带 GPS 数据的联合平差精度均匀,可靠性好 |

# 习题

1．简述空中三角测量的概念。空中三角测量的任务是什么?

2．区域网空中三角测量可分为哪几类?每一种方法整体平差基本单元是什么?

3．试说明航带法空中三角测量的主要作业过程。

4．航带网在进行绝对定向后为何还要进行航带网的非线性改正?非线性改正有哪些

类型？

5. 试说明独立模型法区域平差的基本思想及作业过程。

6. 光束法区域网平差的基本思想是什么？为何光束法区域网平差理论上最严密、解算精度最高？

7. 如图 6-14 所示，由 3 条航带 15 张像片组成的航摄区域，采用光束法平差解算，不考虑系统误差的改正且控制点无误差，求：

(1) 该区域网观测值及观测值个数；

(2) 未知数及未知数个数；

(3) 光束法区域网平差的解算过程。

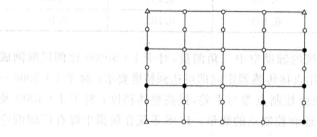

图 6-14　航带布设图

8. 简述 GPS 辅助空中三角测量的基本原理及过程。

9. 什么是 POS 系统？分析 POS 辅助空中三角测量的优势。

# 第 **7** 章
# 数字地面模型

## 7.1 概述

　　传统的地图是以二维的方式将地面上的信息(地形、地物以及各种文字注计等)表示在图纸或显示器上。这种二维方式表达的地形图虽然比较直观,但是很多信息不能直接在地形图上表达。随着计算机技术的发展,工程设计的自动化、土地信息系统和地理信息系统的需要,提出了数字形式表示地面信息的方式,其中最具有代表性的就是数字地面模型。数字地面模型可用三维形式表达地面形态,是目前测绘产品主要的表达方式之一。

　　数字地面模型(digital terrain model,DTM)最初是美国麻省理工学院 Miller 教授为了高速公路的自动设计于 1956 年提出的。数字地面模型 DTM 的理论与实践由数据采集、数据处理与应用三个部分组成。对它的研究经历了四个时期:20 世纪 50 年代是其概念形成的时期;60 年代至 70 年代对其内插问题进行了大量的研究,如移动曲面拟合法、多面函数内插法、最小二乘内插及有限元内插等方法都是这一时期提出的;70 年代中后期对采样方法进行了研究,其代表为 Mikarovic 提出的渐近采样及混合采样理论;80 年代以来,对DTM 系统的各个环节,包括数据采集、粗差探测、数据压缩、DTM 应用进行了研究。

　　数字地面模型是定义在某二维区域上具有有限项的 $n$ 维向量序列 $\boldsymbol{X}_n$,该向量中的 $n$ 个分量表示有关位置、地形、资源、地质、交通、环境、土地利用、人口分布等不同基本信息要素。数字高程模型(digital elevation model,DEM),只是数字地面模型中最主要的一种,它是对地球表面地形、地貌的一种离散的数字表示形式,通常是用格网点的高斯坐标$(x,y)$与其相应的高程 $z$ 来表示的,也可以用经纬度$(L,B)$及大地高程 $H$ 来表示。一般情况下,我们对DTM 和 DEM 不作严格区分,统称为数字地面模型(DTM)。本章主要讲述与 DEM 相关的知识和理论。

　　DEM 有多种表示形式,主要包括规则矩形网格(grid)与不规则三角网(TIN)等。图 7-1(a)是DEM 矩形网格构成形式,地面点按一定的间隔矩形格网形式排列,点的平面坐标$(x,y)$可由起始原点推算而无须记录,地面形态只用点的高程 $z$ 表示。这种规则格网 DEM 存储量小,既便于使用,又易于管理,是目前使用最广泛的一种形式。但是这种规则格网有时候不能准确地表示地形的结构和细部,导致基于 DEM 描绘的等高线不能准确表示地貌。不规则三角网(trangulated irregular network,TIN)表示 DEM 是由连续的相互连接的三角形组成,三角形的形状和大小取决于不规则分布的高程点的位置和密度。图 7-1(b)是 TIN 网格构成形式,TIN 格网利用原始数据作为网格结点,不改变原始数据及其精度,保存了原有的关键地形特征,能较好适应不规则形状区域且数据冗余小。但是 TIN 的数据结构较为复杂,存储数据量大,构建时计算量大。Grid-TIN混合网是目前DEM模型经常采用的表示方法:在地形变化不大、比较平坦的区域采用Grid网;在地形变化剧烈的地区,如悬崖、峭壁则采用TIN格网。这两种方式相互混合既能很好地表达地貌的情况,而且也不易造成数据冗余。

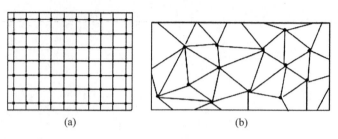

**图 7-1 DEM 的两种构成形式**

（a）规则格网;（b）不规则格网

DTM作为数字摄影测量主要的产品之一,在空间分析和决策方面发挥越来越大的作用。借助计算机和地理信息软件,DTM数据可用于建立各种各样的模型。DEM可以按用户设定的等高距生成等高线图、透视图、坡度图、断面图、渲染图,与数字正射影像DOM复合生成景观图,或者计算特定物体对象的体积、表面覆盖面积等,还可用于空间复合、可达性分析、表面分析、线路分析等。

本章主要从DEM数据获取、DEM内插、DEM存储和DEM应用等主要方面对数字高程模型进行介绍,主要采用DEM的规则矩形网格表达方式。DEM是目前测绘产品(包括摄影测量)的主要表达方式之一,因此掌握DEM基本概念和相关理论是十分必要的。

# 7.2 DEM 数据的获取及预处理

## 7.2.1 DEM 数据的获取

在DEM的建立过程中,首先按一定的数据采集方法,在测区内采集一定数量离散点的三维坐标,这些点称为控制点。以这些控制点为框架,用某种数学模型拟合,内插大量的高程点,以便建立符合要求的DEM模型。这些点是建立数字高程模型的基础,获取这些点的方式有四种:野外实测、数字化仪采样、数字摄影测量方式和遥感系统直接测得。

### 1. 野外实测

野外实地测量法就是采用地形测量的方法,把所有测量的细部点的坐标输入计算机中。目前有两种作业方法:一种是利用常规经纬仪把测量结果在野外人工输入电子手簿,然后再把数据传输到计算机,由计算机处理野外测量结果;另一种是用全站型仪器,野外测量结果自动记录在电子手簿中,然后通过接口装置把野外测量数据传输到计算机。这种方法具有实地测量结果准确等优点,但是测量效率很低,不适用于建立大面积DEM模型。

### 2. 数字化仪采样

这种方法是在已有的地形图上进行数字化。由于数字化仪所测量的坐标是相对于数字化仪的坐标,该坐标系原点一般与测量中常用的坐标不同,在数据库中,点的位置是以地面坐标形式存储的,所以必须进行坐标转换。另外,在实际生产作业中所使用的图纸通常为蓝晒图或印刷图,这样的图纸一般都存在不同程度的伸缩。因此坐标转换的第一个目的是将数字化仪坐标系转换为大地坐标系,第二个目的就是对图纸伸缩引起的图形变形加以改正。

### 3. 数字摄影测量方式

目前数字测量系统在内定向、相对定向和绝对定向后,就基本上可以直接内插生成该地区的 DEM 模型,但是在很多地方,如房屋、悬崖、陡坡等特殊地貌处还需要对 DEM 内插点进行编辑,使 DEM 模型符合地表地貌状态。数字摄影测量生成 DEM 的方式一般是人工和半自动相结合的方式。

### 4. 遥感系统直接测得

利用 GPS、航空和航天飞行器搭载雷达和激光测高仪直接进行数据采集。目前遥感卫星尤其是高分辨率遥感卫星的大量发射(往往搭载雷达),可以直接根据雷达数据构建 DEM 模型。

雷达数据构建 DTM 模型是 DEM 数据采集技术的一大进步,目前主要采用合成孔径雷达干涉测量(InSAR)和机载激光扫描两种方法。合成孔径雷达干涉测量利用多普勒频移的原理改善了雷达成像的分辨率,特别是方位向分辨率,提高了雷达测量的数据精度。合成孔径雷达测量是通过对从不同空间位置获取同一地区的两个雷达图像,利用杨氏双狭缝光干涉原理进行处理,从而获得该地区的地形信息。机载激光扫描数据采集的工作原理是主动遥感的原理,机载激光扫描系统发射出激光信号,经由地面反射后到系统的接收器,通过计算发射信号和反射信号之间的相位差,得到地面的地形信息。对获得的激光扫描数据,利用其他大地控制信息将其转换到局部参考坐标系统即得到局部坐标系统的三维坐标数据,再通过滤波、分类等剔除不需要的数据,就可以进行建模了。

目前为止,我国已经建成覆盖全国范围的 1∶100 万、1∶25 万、1∶5 万数字高程模型,七大江河重点防洪区的省级 1∶1 万数字高程模型的建库工作也已全面展开。

## 7.2.2　DEM 数据预处理

DEM 数据预处理是 DEM 内插之前的准备工作,它是整个数据处理的一部分,一般包括数据格式转换、坐标系统变换、数据编辑、栅格数据转换为矢量数据以及数据分块等内容。

### 1. 数据格式的转换

由于数据采集的软件、硬件系统各不相同,得到的数据格式也不相同,如 VirtuoZo 数字摄影测量系统得到的是 VZ 格式的数据,而常用的 ArcGIS 地理信息平台的数据则采用 Shp 格式,因此两个系统数据要进行传递必须进行数据格式转换。一般来说,现在的软件都有通用转换器或统一的中间格式进行数据转换和传递。

### 2. 坐标系统的变换

目前获得 DEM 原始数据的方式有很多种,如前面介绍的传统测量方式、GPS 测点、数字化仪采样、遥感雷达、数字摄影测量等。不但数据格式不相同,采样的坐标系也不相同,如数字化仪采样得到的电子地图多采用我国西安 1980 或北京 1954 坐标系统,而 GPS 系统则是在 WGS84 坐标系统下,这时需要将不同坐标系数据统一转换到国家坐标系统或者局部坐标系统中。

**3．数据的编辑**

若采集的数据用图形的方式显示在计算机屏幕上,作业人员根据图形交互剔除错误的、过密的或重复的点,发现有漏测的地方则需要进行补测,对断面扫描数据还要进行扫描系统误差改正。

**4．栅格数据的矢量化转换**

由地图扫描数字化仪获得的地图扫描影像是栅格数据,而通过遥感或者数字摄影测量系统得到的 tif 格式数据同样也是栅格数据,栅格数据是无法直接生成 DEM 的,必须转化为矢量数据(有等高线或若干高程点),因此必须要进行等高点追踪和采集,获得等高线数据(即矢量数据),供以后建立 DEM 使用。

**5．数据分块**

由于高程数据点采集方式不同,数据在计算机中排列的顺序也不同。例如,由等高线数字化获得的数据是按各条等高线数字化的先后顺序排列,而数字高程模型则是按格网的顺序排列,这就要进行数据的重修排队。另外,在数字高程模型处理中,待定点的高程只与周围的数据点有关,为了能迅速从大量的数据点中找到所需数据点,必须将数据点按所在格网的行列顺序排队,并分成各种计算单元,这样数据的查找只要在小范围内按小区域顺序进行搜索。为了保证各单元的连续性,各单元之间的数据点需要有一定的重叠度。数据分块常用的方法有交换法和链指针法。

# 7.3　数字高程模型的建立

数字高程模型的建立是 DEM 模型的重要内容,目前主要有两种方法来建立规则格网 DEM,一种是用离散点建立 DEM 格网,另外一种是由等高线建立 DEM 格网。这两种方法都是基于规则格网,而不规则格网(TIN)的建立则在 7.4 节中详细介绍。由离散点建立规则 DEM 格网模型,需要大量的高程点且一般外业采集的原始数据都是不规则的,为了获得规则格网的 DEM,需要根据已知的高程点内插出其他待定点上的高程,在数学上属于插值的问题。

DEM 内插的方法有很多种,任何一种内插方法都是基于原始函数的连续光滑性,或者说邻近数据点之间存在很大的相关性,这才可能由邻近的数据点内插出待定数据。对于小地区的范围来说,连续光滑的条件很容易满足,但是大范围的地形是很复杂的,因此整个地形不可能像通常的数字插值那样仅仅用一个多项式就可以拟合。大范围的地形必须将整个区域分成若干分块,对于各个分块根据地形特性使用不同的函数进行拟合,并且要考虑分块函数之间的连续性。对于不光滑甚至不连续(存在断裂线)的地表,即使在一个计算单元内,也要进一步分块处理,并且不能使用光滑甚至连续条件。DEM 内插的方法很多,本节仅介绍常用的移动曲面拟合法、线性内插法、多项式(曲面)插值法和最小二乘插值法。

### 1. 移动曲面拟合法

移动曲面拟合法是一种局部逼近拟合的方法,其基本思想是选取一点位中心,利用内插点周围的数据点值,建立一个拟合曲面,使其到各数据点的距离的加权平方和最小,这个曲面在内插点上的值就是所求的内插值。该方法十分灵活,精度较高,计算方法简单,因此常被应用于由离散数据点生成规则 DEM 格网,但是该方法的计算速度比较慢,计算过程如下。

(1) 对 DEM 每一个格网点,从数据点中心检索出对应 DEM 格网点的几个分块格网中的数据点,并将坐标原点移至 DEM 格网点 $P(X_P, Y_P)$

$$\left.\begin{array}{l} \overline{X}_i = X_i - X_P \\ \overline{Y}_i = Y_i - Y_P \end{array}\right\} \tag{7-1}$$

(2) 读取邻近数据点,以待定点 $P$ 为圆心,以 $R$ 为半径作圆(图 7-2),凡是落在圆内的数据点即被选用。所选择的点数根据所用的局部拟合函数来确定,在二次曲面内插时,要求选用的数据点个数大于 6。数据点 $P_i(X_i, Y_i)$ 到待定点 $P(X_P, Y_P)$ 的距离为 $d_i$,计算式为

$$d_i = \sqrt{\overline{X}_i^2 + \overline{Y}_i^2} \tag{7-2}$$

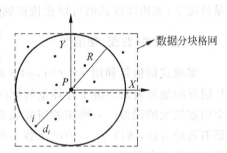

图 7-2　数据点选取

当 $d_i < R$ 时,该点即被选中,如果选择的点数不够时,则应该增大 $R$ 的数值,直至数据点的个数 $n$ 满足要求为止。

(3) 列出误差方程式,选择二次曲面作为拟合曲面:

$$Z = AX^2 + BXY + CY^2 + DX + EY + F \tag{7-3}$$

则数据点 $P_i$ 对应的误差方程式为

$$v_i = \overline{X}_i^2 A + \overline{X}_i \overline{Y}_i B + \overline{Y}_i^2 C + \overline{X}_i D + \overline{Y}_i E + F - Z_i \tag{7-4}$$

由 $n$ 个数据点列出的误差方程为

$$\boldsymbol{V} = \boldsymbol{MX} - \boldsymbol{Z} \tag{7-5}$$

(4) 计算出每一个数据点的权。数据点的权与该数据点和待定点 $P$ 的距离 $d_i$ 有关,$d_i$ 越小,它对待定点的影响越大,权越大;反之当 $d_i$ 越大,权越小。通常确定权的方式有以下几种形式:

$$\left.\begin{array}{l} p_i = \dfrac{1}{d_i^2} \\[2mm] p_i = \left(\dfrac{R - d_i}{d_i}\right)^2 \\[2mm] p_i = e^{-\frac{d_i^2}{k^2}} \end{array}\right\} \tag{7-6}$$

式中,$R$ 为选取圆的半径;$d_i$ 为待定点到数据点的距离;$k$ 为一个常数;$e$ 为自然对数的底

(e 是一个无限不循环小数,其值约等于 2.718281828459)。这三种方法都符合选权的条件,但是它们与距离的关系有所不同,具体选用何种定权方式,需要根据地形进行试验选取。根据平差理论二次曲面系数的解为

$$X = (M^T PM)^{-1} M^T PZ \tag{7-7}$$

由于 $\bar{X}_P = 0, \bar{Y}_P = 0$,所以系数 $F$ 就是待定点的内插高程值 $Z_P$。

### 2. 线性内插法

被插值点 $P$ 最邻近的 3 个点($P_1, P_2, P_3$),其测量值分别为 $P_1(x_1, y_1, z_1)$,$P_2(x_2, y_2, z_2)$,$P_3(x_3, y_3, z_3)$,构成一个平面,作为插值的基础,计算出 $P$ 的相应高程,这种插值方法称为线性内插法。

$$z = a_0 + a_1 x + a_2 y \tag{7-8}$$

式中,系数 $a_0, a_1, a_2$ 可利用 3 个邻近的已知点求得。这是最简单、也是精度较低的一种算法。地形表面一般不会是绝对平面的,但在地势平坦、数据点间隔较密且均匀的大比例尺测量情况下,采用线性插值可以很快得到计算结果。

### 3. 多项式(曲面)插值法

多项式插值是利用 $z = f(x, y)$($f(x, y)$ 为 $x, y$ 的多项式)表示的曲面,拟合被插值点 $P$ 附近的地形表面。由于计算量的原因,以及在参考点较少的情况下,三次以上多项式往往会引起较大的误差。一些实验研究表明,二次曲面不仅是最简单的,而且是逼近不规则表面最有效的方法,所以 $f(x, y)$ 的次数一般不大于三次,多采用二次多项式。以二次曲面为例,设二次曲面方程为

$$z = a_0 + a_1 x + a_2 y + a_3 xy + a_4 x^2 + a_5 y^2 \tag{7-9}$$

为了确定式中的各项待定系数($a_0, a_1, \cdots, a_5$),可以利用被插值点附近的已知高程的离散点坐标,即认为二次曲面通过这些已知点,至少需要 6 个离散点数据才能确定未知的系数。为了保证曲面的一致性以及与相邻曲面之间的连续性,还可设定其一阶和二阶导数及边界条件,这样得到的方程组可通过线性代数的矩阵运算,求得各项系数。

$$\begin{bmatrix} a_0 \\ \vdots \\ a_5 \end{bmatrix} = \begin{bmatrix} 1 & x_0 & y_0 & x_0 y_0 & x_0^2 & y_0^2 \\ \vdots & \vdots & \vdots & \vdots & \vdots & \vdots \\ 1 & x_5 & y_5 & x_5 y_5 & x_5^2 & y_5^2 \end{bmatrix}^{-1} \begin{bmatrix} z_0 \\ \vdots \\ z_5 \end{bmatrix}$$

用矩阵符号表示系数 $A$,得

$$A = F^{-1} Z \tag{7-10}$$

$(x_0, y_0, z_0), (x_1, y_1, z_1), \cdots, (x_5, y_5, z_5)$ 是被插值点 $P(x, y)$ 附近的 6 个离散点的坐标数据。

某些算法对二次曲面的表达式进行了简化,删去其中的若干项,即用抛物面或双曲面进行插值,使运算更加简单。移动曲面拟合算法就是这种方法的应用,移动曲面法是将被插值点 $P$ 作为原点,在四个象限的限定范围之内寻找离散点数据,用多项式(一般是二次曲面)进行插值,插值多项式的形式与找到的参考点数目有关。根据 Sima 的建议,多项式函数形式可按以下规则选取:

(1) 当参考点数大于 8 时,

$$f(x, y) = a_0 + a_1 x + a_2 y + a_3 xy + a_4 x^2 + a_5 y^2$$

（2）当参考点数为 6 或 7 时，
$$f(x,y) = a_0 + a_1 x + a_2 y + a_3 x^2 + a_4 y^2$$
（3）当参考点数为 4 或 5 时，
$$f(x,y) = a_0 + a_1 x + a_2 y + a_3 xy$$

### 4. 最小二乘插值法

最小二乘拟合插值也是利用曲面进行插值，但附加条件为最小二乘准则。设 $z = f(x,y)$，$f(x,y)$ 为 $n$ 次多项式，一般采用二次多项式。在确定 $f(x,y)$ 中的各项系数时，应满足式（7-11）达到极小，即

$$\sum_{i=1}^{m}(ee) = \sum_{i=1}^{m}\left[f(x_i, y_i) - z_i\right]^2 \tag{7-11}$$

式中，$ee$ 为残差的平方；$(x_i, y_i, z_i)$，$i = 1, 2, \cdots, m$ 为待插值点 $P$ 附近一组参考点的坐标。

用计算出的系数代入 $f(x,y)$，以此多项式对 $P$ 点进行插值。具体过程如下：
$n$ 次多项式曲面插值的误差方程组为

$$\begin{bmatrix} e_1 \\ \vdots \\ e_m \end{bmatrix} = \begin{bmatrix} 1 & x_1 & y_1 & \cdots & x_1^{n-1} & y_1^{n-1} & x_1^n & y_1^n \\ \vdots & \vdots & \vdots & \vdots & \vdots & \vdots & \vdots & \vdots \\ 1 & x_m & y_m & \cdots & x_m^{n-1} & y_m^{n-1} & x_m^n & y_m^n \end{bmatrix} \begin{bmatrix} a_1 \\ \vdots \\ a_m \end{bmatrix} - \begin{bmatrix} z_1 \\ \vdots \\ z_m \end{bmatrix} \tag{7-12}$$

设

$$\boldsymbol{E} = (e_1 \quad \cdots \quad e_m)^{\mathrm{T}}$$

$$\boldsymbol{A} = (a_1 \quad \cdots \quad a_m)^{\mathrm{T}}$$

$$\boldsymbol{F} = \begin{bmatrix} 1 & \cdots & x_1^n & y_1^n \\ \vdots & \vdots & \vdots & \vdots \\ 1 & \cdots & x_m^n & y_m^n \end{bmatrix}$$

则式（7-12）可写为

$$\boldsymbol{E} = \boldsymbol{FA} - \boldsymbol{Z}$$

即

$$\boldsymbol{E} + \boldsymbol{Z} = \boldsymbol{FA} \tag{7-13}$$

问题转化为求 $\boldsymbol{A}$，根据最小二乘原理使其满足 $\sum_{i=1}^{m}(ee)$ 为极小值，按数学上求函数自由极值的理论求解，并根据矩阵代数变换得到

$$\boldsymbol{A} = (\boldsymbol{F}^{\mathrm{T}}\boldsymbol{F})^{-1}\boldsymbol{F}^{\mathrm{T}}\boldsymbol{Z} \tag{7-14}$$

用 $\boldsymbol{A}$ 作为 $f(x,y)$ 的系数，得到插值曲面的方程，代入被插值点 $P$ 的平面坐标 $(x,y)$，就得到 $P$ 点的高程。矩阵求逆的计算量很大，可以用分解方法简化求解过程。

# 7.4 TIN 数字地面模型

不规则三角网（triangulated irregular network，TIN），是用一系列互不交叉、互不重叠的连接在一起的三角形表示地形表面。TIN 是不规则格网中最简单的形态，而且在等高线追踪、三维显示及断面处理等应用中也是最常用和最简单的结构。在大比例尺数字测图的

建模中,都是采用三角形格网法,它避免了因内插方格网而牺牲原始测点的精度,从而保证了整个数字模型的精度。

TIN 对三角形的几何形状有严格的要求,也就是要遵守三角形划分准则。TIN 模型一般有三个基本要求:三角形的格网唯一;最佳三角形形状,尽量接近正三角形;三角形边长之和最小,保证最近的点形成三角形。建立 TIN 的基本过程是将最邻近的三个离散点连接成初始三角形,再以这个三角形的每一条边为基础连接邻近离散点,组成新的三角形。新三角形的边又成为连接其他离散点的基础,如此继续下去,直到所有三角形的边都无法再扩展成新的三角形,而且所有离散点都包含在三角网中。本节主要介绍基于三角形划分准则的两种构建 TIN 网的方法。

### 1. 用角度判别法建立 TIN

该方法尽可能保证每个三角形都是锐角三角形或三边的长度近似相等,避免出现过大的钝角和过小的锐角。具体步骤如下:

(1) 将原始数据分块,以便检索所处理三角形邻近的点,而不必检索全部数据。

(2) 确定第一个三角形,从 $N$ 个离散点中任取一点 $A$,通常可取数据文件中的第一个点或左下角检索格网中的第一个点。在其附近选取距离最近的一个点 $B$ 作为三角形的第二个点。然后对附近的点 $C(N-2$ 个),利用余弦定理计算 $\angle C$。

$$\cos C = \frac{a^2 + b^2 - c^2}{2ab} \tag{7-15}$$

式中,$a,b,c$ 为三角形边长,选择角度最大的 $C$ 点为该三角形第三顶点。

(3) 三角形扩展,由第一个三角形往外扩展,将全部离散点构成三角网,并保证三角网中没有重复和交叉的三角形。向外扩展处理时,若从顶点为 $P_1(x_1,y_1),P_2(x_2,y_2),P_3(x_3,y_3)$ 的三角形的 $P_1P_2$ 边向外扩展,应取位于直线 $P_1P_2$ 与 $P_3$ 异侧的点。$P_1P_2$ 的直线方程为

$$F(x,y) = (y_2 - y_1)(x - x_1) - (x_2 - x_1)(y - y_1) \tag{7-16}$$

备选点 $P$ 的坐标为 $(x,y)$ 应满足

$$F(x,y) \cdot F(x_3,y_3) < 0 \tag{7-17}$$

$P$ 与 $P_3$ 在直线 $P_1P_2$ 的异侧,$P$ 可以作为扩展点,角度最大的异侧点才是正确的扩展点。

### 2. 狄洛尼(Delaunay)三角网

在所有可能的三角网中,狄洛尼三角网在离散点分布相同的情况下,保证了所构建的三角网中不会出现过于狭长的三角形,使得三角形的构建更加合理与准确,从而具有极大的应用价值。狄洛尼三角网为相互邻接且互相不重叠的三角形的集合,每一个三角形的外接圆内不包含其他点,这是它最重要的特性之一。

设有一个区域 $D$ 上有 $n$ 个离散点 $P_i(x_i,y_i),(i=1,2,3,\cdots,n)$;若将区域 $D$ 用一组直线分成 $n$ 个互相邻接的多边形,并满足以下条件:

(1) 每个多边形内含有且只含有一个离散点;

(2) $D$ 中任意一点 $P(x,y)$ 若位于 $R$ 所在多边形内,则满足

$$\sqrt{(x-x_i)^2 + (y-y_i)^2} < \sqrt{(x-x_j)^2 + (y-y_j)^2} \quad (i \neq j) \tag{7-18}$$

（3）若 $P(x,y)$ 位于 $R$ 所在多边形中 $P_i$ 与 $P_j$ 构成的多边形的边上，则
$$\sqrt{(x-x_i)^2+(y-y_i)^2}=\sqrt{(x-x_j)^2+(y-y_j)^2}\quad(i\neq j)\qquad(7\text{-}19)$$
则这些多边形为泰森（Thissen）多边形。连接每两个相邻多边形内的离散点，就构成了一个完整的三角网，这个三角网就称为狄洛尼三角网。

泰森多边形的特点为：多边形的分法是唯一的；每个泰森多边形均为凸多边形；任意两个多边形不存在公共区域。由泰森多边形构成的狄洛尼三角网也具有两个重要的特性：

（1）空圆性质：任意一个狄洛尼三角形的外接圆内不包含其他离散点。这一特性保证了最邻近的三个点构成三角形。

（2）最大最小角性质：即任意两个相邻的狄洛尼三角形组成的凸四边形，在交换对角线后形成的一对新的三角形的最小内角不大于原来两个三角形的最小内角。这一特性保证了狄洛尼三角形具有最佳形状特征。

构建狄洛尼三角网主要有三类算法，分别为分治算法、逐点插入法和三角网生长法。

1）分治算法

分治算法思想于 1975 年由 Shamos 和 Hoey 提出，并由 Lewis 和 Robinson 将此思想应用在狄洛尼三角网构建中。此后，Lee 和 Schachter 对其进行了改进。

分治算法的基本步骤如下：

（1）根据点坐标对点集进行排序。

（2）将排序后的点集二分成两个近似相等的点集 $V_L$，$V_R$。

（3）在 $V_L$ 和 $V_R$ 中生成三角形。

（4）利用局部优化算法优化所生成的三角形，使之成为狄洛尼三角网。局部优化算法是判断生成的三角网中相邻两个三角形是否满足狄洛尼三角网的第二个特性，若不满足，则互换对角线。

（5）找出连接 $V_L$ 和 $V_R$ 的两个凸壳的顶线和底线，也就是两凸壳的上公切线和下公切线（图 7-3）。

（6）由上公切线至下公切线合并 $V_L$ 和 $V_R$ 中的两个三角网。

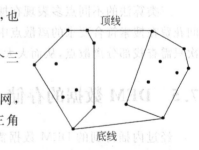

分治算法就是把点集分成足够小，生成简单的三角网，然后利用局部优化算法生成狄洛尼三角网，再合并各三角网组成最终三角网。

图 7-3　两个凸壳的顶线和底线

2）逐点插入法

逐点插入方法于 1977 年由 Lawson 提出，随后 Bowyer，Watson 等众多学者对其进行了改进。逐点插入方法的基本步骤如下：

（1）构建初始大三角形。

（2）随机排列点集 $P$ 中的所有点 $P_0,P_i,\cdots,P_{n-1}$。

（3）对点集 $P$ 中的点 $P_r$ 按以下步骤执行插入操作：定位包含点 $P_r$ 的三角形 $P_iP_jP_k$，如果 $P_r$ 在三角形 $P_iP_jP_k$ 内部，则连接点 $P_r$ 和三角形 $P_iP_jP_k$ 的各个顶点，将其剖分成三个子三角形；如果 $P_r$ 在三角形 $P_iP_jP_k$ 的边 $P_iP_j$ 上，则连接 $P_r$ 与共边 $P_iP_j$ 的两个三角形的第三个点，剖分形成四个子三角形，通过边交换方法规格化三角剖分。

（4）移除包含大三角形任意顶点的所有三角形。

数据逐点插入法保证了相邻的数据点渐次插入，并通过搜寻加入点的影响三角网（influence triangulation），使现存的三角网在局部范围内得到动态更新，图 7-4 显示了逐点插入法生产三角形的步骤。

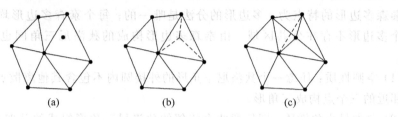

**图 7-4 逐点法生产三角形**

(a) 插入点定位；(b) 三角形分裂；(c) 三角形优化

### 3) 三角网生长法

三角网生长算法于 1978 由 Green，Sibson 提出，随后 Brassel，Reif 等众多学者对其进行了改进。三角网生长算法的基本步骤如下：

（1）任意选择点集 $P$ 中的一点 $P_1$。

（2）从点集 $P$ 中选取距离 $P_1$ 最近的点 $P_2$。

（3）如果点 $P_3$ 满足条件，$\triangle P_1 P_2 P_3$ 满足空圆特性且夹角 $\angle P_1 P_2 P_3$ 最大，则选择点 $P_3$。

（4）创建初始边列表和初始三角形列表。

（5）如果边列表不为空，则执行以下步骤：从边列表中取出一条边；寻找满足空圆特性的点插入三角网中；与新插入的点构建新的边和三角形，并加入到边列表和三角形列表中；重复执行第(5)步，直至退出。

三类算法的不同点多表现在搜寻第(3)点的策略上。传统的三角网生长算法大部分时间花费在搜索符合要求的离散点中。可以引入直线分割式正负区的原理来查找第(3)点，每次只需查找部分离散点，从而大大提高构网的速度。

## 7.5 DEM 数据的存储

经过内插得到的 DEM 数据需要以一定的结构与格式存储起来，以方便各种应用。目前的 DEM 存储方式有两种：一种是以图幅为单位的文件存储；另一种是建立数据库，以数据库的形式存储和管理 DEM，这种方法是目前 DEM 存储的主要方式。当 DEM 数据较大时，需要采用特殊的方法对 DEM 数据进行压缩处理，以解决大数据量 DEM 存储问题。

### 1. DEM 数据文件的存储

DEM 以图幅为单位建立文件，其文件包括文件头和各格网点的高程。通常文件头（或零号记录）存放 DEM 的基础信息，包括起点平面坐标、格网间隔、区域范围、图幅编号、原始资料有关信息、数据采集仪器、手段与方法、DEM 建立方法、日期与更新日期、精度指标及数据记录格式等。

　　头文件之后就是 DEM 文件的主体——格网点的高程。对于小范围的 DEM,每一记录为一点的高程或一行高程数据,这对使用和管理数据都很方便。但是对于较大范围的 DEM,因为数据量巨大,采取数据压缩的方法存储数据。

　　除了格网点高程数据之外,文件中还应该存储该地区的地形特征线、点的数据,它们可以向量方式存储或栅格方式存储。以向量方式存储,其优点是存储所需空间小,缺点是有些情况下使用不便,而以栅格数据存储正好相反,所需存储空间较大,但使用比较方便。

### 2. DEM 数据库

　　1∶5 万数据库,是国家基础地理信息系统全国性空间数据库之一。它由数字线划地图(DLG)数据库、数字高程模型(DEM)数据库、数字正射影像图(DOM)数据库、数字栅格地图(DRG)数据库、数字土地覆盖图(DLC)数据库五个部分构成。其中 1∶5 万 DRG、DEM 数据库已基本建成,全国 1∶5 万数据库在空间上包含超过 19000 幅 1∶5 万地形图数据,覆盖整个国土范围的 70%~80%。按照经纬度划分图幅,每幅图的纬差为 10′,经差为 15′。其投影方式采用高斯-克吕格投影,6°带分带方式,坐标系统采用 1980 西安坐标系,高程基准为 1985 国家高程基准。美国、加拿大、澳大利亚、英国等国早就进行了类似的工作。

　　小范围的地形数据库应纳入高斯-克吕格坐标系,这样方便使用。但是大范围、大面积的地形数据库是应该纳入高斯-克吕格坐标系,还是纳入地理坐标系统,还需要酌情考虑。地理坐标系的优点是在高斯-克吕格投影的重叠区域内消除了点的二义性,但是主要的缺点是与其他数据库的数据交流更加困难,影响了数据的通用性。因此从便于使用的角度考虑,以高斯-克吕格坐标系为基础的数字高程数据库具有更多的优点。

　　大范围的 DEM 数据库数据量大,因此需将整个范围划分成若干地区,每一个地区建立一个子库,这些地区合并在一起就成为一个高一层次的大区域,从而构成整个范围的数据库。每个子库还可以进一步划分直至以图幅为单位,以便为后续应用提供一个编号的接口。数据库除了存储高程数据外,也包括原始资料、数据采集、DEM 数据处理与提供给用户的相关信息。

### 3. DEM 数据压缩

　　如前所述,无论是 DEM 文件还是 DEM 数据库,当数据量大的时候都需要将数据压缩存储。数据压缩的方法很多,DEM 数据压缩常用的方法有整型量存储、压缩编码及差分映射等。

#### 1) 整型量存储

　　整型量存储是将高程减去一个常数 $Z_0$,该常数可以是一定区域范围的平均高程,也可以是该区域第一点的高程。然后将减去常数后的高程按精度扩大 10 倍或 100 倍,小数点部分四舍五入后保留整数部分:

$$Z_i = \text{INT}[(Z_i - Z_0) \cdot 10^m + 0.5] \tag{7-20}$$

式中,$m$ 为原始数据小数点后的精确位数。

　　变换后的整型数用计算机的两个字节存储,这样可以节省大约一半的空间。

2）压缩编码

压缩编码存储方法是按一定精度要求将高程数据化为整型量或将高程增量化为整型量后,可根据各数据出现的概率设计一定的编码,用位数最短的编码表示出现概率最大的数,出现概率小的数用位数较长的编码表示,则每一位数据所占的平均位数比原来的固定位数小,从而达到压缩的目的。

3）差分映射

差分映射相邻数据间的增量,数据范围较小,可以利用一个字节存储一个数据,这就是差分映射的原理,差分映射得到的是相邻数据间的增量。差分映射后可以将数据压缩至原有存储量的近 $1/4$,因此压缩数据的效果惊人。

差分映射是将高程数据 $Z_0, Z_1, \cdots, Z_n$ 转换为

$$\gamma = 127 / \Delta Z_{max} \tag{7-21}$$

式中,$\Delta Z_0 = Z_0, \Delta Z_i = Z_i - Z_{i-1}$。

差分映射的方法有很多,其中较好得有差分游程法(增量游程法)和小模块差分法(小模块增量法)。

（1）差分游程法

将存储单位按表 7-1 的顺序排列,先将数据按整型量存储方法化为整型后进行差分映射,因为一个字节所能表示的数据范围为 $-128 \sim 127$,所以当差分的绝对值大于 127 时,将该数据之前的数据作为一个游程,从该数据开始新的游程。每个游程只记录该游程第一个点的高程及其后各点的差分。

表 7-1　DEM 差分游程存储顺序

| $2n+1$ | $2n+2$ | $\cdots$ | $3n-1$ | $3n$ |
|---|---|---|---|---|
| $2n$ | $2n-1$ | $\cdots$ | $n+2$ | $n+1$ |
| 1 | 2 | $\cdots$ | $n-1$ | $n$ |

（2）小模块差分法

小模块差分法是将 DEM 分成较大的格网即小模块,每一小模块包含 $5 \times 5$ 个或 $10 \times 10$ 个 DEM 格网,将数据点按螺旋型(图 7-5(a))和往返型(图 7-5(b))的顺序排列。进行差分映射的时候,为了保证每一个数据都能存入一个字节,在原始差分上乘以一个适当的系数,该系数出小模块内最人高程增量确定为 $\gamma - 127/\Delta Z_{max}$。若该小模块内最大增量 $\Delta Z_{max}$ 较小

| 17 | 18 | 19 | 20 | 21 |
|---|---|---|---|---|
| 16 | 5 | 6 | 7 | 22 |
| 15 | 4 | 1 | 8 | 23 |
| 14 | 3 | 2 | 9 | 24 |
| 13 | 12 | 11 | 10 | 25 |

(a)

| 21 | 22 | 23 | 24 | 25 |
|---|---|---|---|---|
| 20 | 19 | 18 | 17 | 16 |
| 11 | 12 | 13 | 14 | 15 |
| 10 | 9 | 8 | 7 | 6 |
| 1 | 2 | 3 | 4 | 5 |

(b)

图 7-5　小模块差分法

(a) 螺旋型;(b) 往返型

时,它能将高程增量的数值放大存储以减少取整误差。每一个小模块使用不同的系数,附加在起始高程之后与每点差分之前。系数 $\gamma$ 使存储精度与地形相联系,平坦地区精度较高,山区精度较低,所以对于地形起伏较大的地区,存储精度可能达不到要求。解决办法是,用上述方法先将数据化为整型数,再进差分映射,每一个字节存储一个数据点对应的差分。

# 7.6　数字地面模型的应用

数字地面模型的应用是很广泛的。在测绘中可用于绘制等高线、坡度、坡向图、立体透视图,制作正射影像图、立体景观图、立体匹配片、立体地形模型及地图的修测。在各种工程中可用于体积、面积的计算,各种剖面图的绘制及线路的设计。军事上可用于导航(包括导弹与飞机的导航)、通信、作战任务的计划等。在遥感中可作为分类的辅助数据。在环境与规划中可用于土地利用现状的分析、各种规划及洪水险情预报等。本章重点介绍数字地面模型在测绘中的应用。

### 1.　地形曲面拟合

DEM 最基础的应用是求 DEM 范围内任意点的高程,在此基础上进行地形属性分析。由于已知有限个格网点的高程,可以利用这些格网点高程拟合一个地形曲面,推求区域内任意点的高程。曲面拟合方法可以看作是一个已知规则格网点数据进行空间插值的特例,距离倒数加权平均方法、克里金插值方法、样条函数等插值方法均可采用。

### 2.　立体透视图

从数字高程模型绘制透视立体图是 DEM 的一个极其重要的应用。透视立体图能更好地反映地形的立体形态,非常直观。与采用等高线表示地形形态相比有其独特的优点,更接近人们的直观视觉。特别是随着计算机图形处理工作的增强以及屏幕显示系统的发展,使立体图形的制作具有更大的灵活性,人们可以根据不同的需要,对于同一个地形形态作各种不同的立体显示。例如,局部放大,改变高程值 $Z$ 的放大倍率以夸大立体形态;改变视点的位置以便从不同的角度进行观察,甚至可以使立体图形转动,使人们更好地研究地形的空间形态。从一个空间三维立体的数字高程模型到一个平面二维透视图,其本质就是一个透视变换。将"视点"看作"摄影中心",可以直接应用共线方程由物点 $(X, Y, Z)$ 计算像点坐标 $(X, Y)$。透视图中的另一个问题是"消隐"的问题,即处理前景挡后景的问题。调整视点、视角等各个参数值,就可从不同方位、不同距离绘制形态各不相同的透视图,制作动画。计算机速度足够快时,就可实时产生动画 DTM 透视图。

### 3.　流域特征地貌提取与地形自动分割

地形因素是影响流域地貌、水文、生物等过程的重要因子,地形属性的空间分布特征一直是人们用于描述这些空间过程变化的重要指标。高精度 DEM 数据和高分辨率、高光谱、多周期的遥感影像,为人们定量描述流域空间变化过程提供了日益丰富的数据源,而且随着人们对流域地貌、水文和生物等过程空间变化机理理解的不断加深,可以说人类已经进入了一个"空间模拟"的时代。基于 DEM 数据自动提取流域地貌特征,进行流域地形自动分割

是进行流域空间模拟的基础技术,主要包括以下两个方面:

(1) 流域地貌形态结构定义,能反映流域结构的特征地貌,建立格网 DEM 对应的微地貌特征;

(2) 特征地貌自动提取和地形自动分割算法。

### 4. DEM 在公路路线设计中的应用

在数字模型建立的基础上,只需把选定的平面线起讫点、交点的平面坐标及平曲线要素输入 CAD 系统,计算机便可自动从数字模型中内插路线设计所需的地形数据,配合路线优化及辅助设计程序快速完成路线设计的各项内业工作,并输出各项成果设计文件。此外,利用数字模型可进行施工前的工程仿真设计,通过数字模型技术显示三维实体工程图像,进行工程设计的评估和修改,提高工程设计质量。数字模型在路线设计中的最大功能是在不需作进一步测量的情况下,比较所有可能的平面线形,进行路线平面优化及空间优化,从而找出最佳路线方案。

数字地面模型是基于现代数学理论和计算机科学以及软硬件发展起来的新兴技术,已经越来越广泛地应用于测绘和相关领域,国内外大多数地理信息数据平台软件均支持数字地面模型(或者 DEM)数据的采集、提取、各类表示方法和模型的相互转换,支持诸如蓄积量/表面积计算、高程剖面分析、可视性分析、最佳/最短路径分析、水文表面流域分析、电子沙盘制作等模型应用,成为不可缺少的有力工具。

## 习题

1. 什么是 DEM 与 DTM? 二者有何关系? 它们与地形图相比有何优缺点?

2. 数字地面模型数据获取的方法有哪几种?

3. DEM 的数据采集方法有哪几种? 各有什么特点?

4. 为什么要进行数字曲面高程模型内插? 它有何重要意义。

5. 我们学习了哪些内插高程模型的方法? 试比较不同内插方法的优缺点。

6. 构建 TIN 网有哪些方法? 试简述构建狄洛尼三角网的主要步骤。

7. 简述数字高程模型的应用。

# 第  章

# 数字摄影测量基础

## 8.1 概述

摄影测量的发展经历了模拟、解析和数字三个阶段,随着计算机技术的快速发展,数字摄影测量已经成为摄影测量发展的主流方向。但是无论是哪种摄影测量,都需要寻找同名像点,在模拟和解析摄影测量阶段都需要通过人眼来识别同名像点,在人眼和脑的配合下进行人工的影像定位、匹配与识别。这种识别方法受限于人的工作效率,不适用于大面积的摄影测量,因此大大限制了摄影测量的发展。数字摄影测量是利用计算机代替人眼寻找同名像点,实现对同名像点的测量及建立立体模型等,从而大大提高了摄影测量的工作效率,为摄影测量的发展开辟了极大的空间,使摄影测量逐渐成为测量外业数据采集的主要方式之一。

数字摄影测量的主要内容是自动化测图技术,自动化测图是利用相关装置代替观测者眼睛的立体观察作用,在测图过程中根据影像的色调灰度的相似性进行影像相关、自动识别同名像点和测量视差值。对自动化测图技术的研究可追溯到 19 世纪 30 年代,但到 1950 年,才由美国工程兵研究发展实验室与 Bausch and Lomb 光学仪器公司合作研制了第一台自动测图仪,它是将像片上的灰度信号转化为电信号,利用电子相关技术实现自动化测量。随着计算机技术的发展,更趋向将电信号进一步转化为数字信号,由计算机来实现相关运算。20 世纪 60 年代初美国研制的自动解析测图仪 SA-11B-X 及 RASTER 均利用数字相关技术,到 80 年代,对数字相关的研究占了统治地位。1988 年日本京都第 16 届国际摄影测量与遥感大会期间,展出了以 DSP1 为代表的数字摄影测量工作站,标志着数字摄影测量在迅速发展。但这些工作站还是属于数字摄影测量工作站概念的体现。到 1992 年华盛顿第 17 届国际摄影测量与遥感大会期间,已经展出了一些较为成熟的产品,主要有:Helava 公司研制的 Leica 数字摄影测量工作站;德国 Zeiss 的 PHODIS;中国原武汉测绘科技大学的 WUDAMS 等。这些数字摄影测量系统的出现,标志着数字摄影测量正在走向实用,并步入摄影测量生产。1996 年在维也纳召开的第 18 届 ISPRS 大会上,已有 19 套数字摄影测量系统参加了展示,其中最具代表性的系统有:Leica 公司的 Helava 扫描仪 DSW300 与工作站 DPW770;Intergraph 公司的扫描仪 AS1 与工作站 Integraphstati;原武汉测绘科技大学的 VirtuoZo 等。这些系统基本上实现了摄影测量几何处理的自动化,并把 GPS 技术引入摄影测量,以确定摄影时的方位元素。如今数字摄影测量技术飞速发展,无人机技术的引入更解决了难以获取摄影测量数据这一关键问题,使数字摄影测量进入崭新的应用领域。

利用数字灰度信号,采用数字相关技术测量同名像点,在此基础上通过解析计算,进行相对定向和绝对定向,建立数字立体模型,从而建立数字高程模型、绘制等高线、制作正射影像图并为地理信息系统提供基础信息等,这就是数字摄影测量。整个过程以数字形式在计算机中完成,又称为全数字摄影测量(full digital photogrammetry)。实现数字影像自动测图的系统称为数字摄影测量系统(digital photogrammetry system,DPS)或数字摄影测量工作站(digital photogrammetric workstation,DPW)。这样的系统一般有一个计算机影像处理系统,硬件设备包括数字化装置、影像或图像输出装置和一台电脑,而数字摄影测量软件系统目前国内主要有 VirtuoZo NT 平台、MapMatrix 系列软件和北京四维软件,可以完成摄影测量内业处理的各项工作,生成 4D 产品。

目前数字摄影测量系统功能及应用仍处于发展阶段,自动化功能仅限于几何处理,可实现内定向、相对定向自动化,自动建立数字高程模型,制作正射影像图等,其他工作仍需要半自动、人工交互实现,如绝对定向、地物测绘等。尤其是地物测绘,由于地物的多样性和复杂性,虽然可以实现部分简单的道路和房屋的全自动提取,但是要实现全部地物的自动化提取,还有一段距离。因此,要实现真正的全自动数字摄影测量,还必须加强对人工自动化提取方法的研究。

# 8.2  数字影像与数字影像重采样

数字摄影测量处理的原始资料是数字影像,数字影像可以直接从数字传感器中获得,也可以利用影像数字化器进行影像数字化获得摄取的像片。本章主要介绍像片数字化过程中所涉及的基本原理和主要方法。

## 8.2.1  数字影像的灰度表示

影像的灰度又称为光学密度。摄影底片上影像的灰度值反映了它的透明程度,即透光的能力。设投射在底片上的光通量为 $F_0$,如图 8-1 所示,而透过底片后的光通量为 $F$(底片有吸收和反射),则 $F$ 与 $F_0$ 之比称为透过率 $T$,$F_0$ 与 $F$ 之比称为阻光率 $O$。

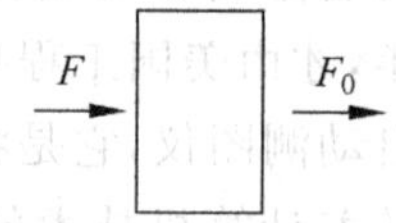

**图 8-1  底片透光图**

$$\left.\begin{array}{l} T = \dfrac{F}{F_0} \\[2mm] O = \dfrac{F_0}{F} \end{array}\right\} \tag{8-1}$$

由式(8-1)可以看出,像片越黑,透过的光通量 $T$ 越小,阻光率 $O$ 越大,因此透光率和阻光率都可以说明像片的黑白程度。由于人眼对明暗程度的感觉是按对数关系变化的,为了适应人眼的视觉,在分析影像时常采用阻光率的对数值表示其黑白程度。

$$D = \lg \frac{1}{T} = \lg O \tag{8-2}$$

式中,$D$ 为影像的灰度,当 $T=1$ 时,$F=F_0$ 表示光线全部透过,则影像的灰度等于零;当 $T = \dfrac{1}{100}$ 时,表示光线仅透过 1/100,阻光率为 100,则灰度值为 2,实际的航空底片的灰度一般在 0.3~1.8 范围之内。

## 8.2.2 采样和量化

影像数字化的过程包括采样和量化两部分内容。采样是对实际连续函数模型离散化的测量过程,而所谓量化就是把像片上点的灰度值转换成整数数字量。

像片上的像点是连续分布的,但是在影像数字化的过程中不可能将每一个连续的像点全部数字化,而只能每隔一个间隔($\Delta$)读取一个点的灰度值,这个过程称为采样,$\Delta$ 称为采样间隔。采样后的影像为不连续的等间隔序列,采样过程会给影像的灰度带来误差,例如相邻两个采样点间的影像被丢失,亦即影像的细部受到损失,若要减少损失,则采样间隔越小越好。但是采样间隔越小,数据量越大,增加了数据存储量和运算工作量。如何确定采样间隔,应根据精度要求和影像分辨率,另外还要考虑数据量和存储设备的容量。

在影像数字化过程中 $\Delta$ 被称为采样间隔,被测量的点称为像素点,像素点通常是矩形或正方形微小影像块,矩形或正方形的尺寸称为像素大小(或尺寸),它通常等于采样间隔,因此当采样间隔确定之后,像素的大小也就确定了。

通过采样得到的每个点的灰度值不是整数,这对计算很不方便,为此应将每个点的灰度值取为整数,这一过程称为影像灰度的量化。将像片可能出现的最大灰度变化范围进行等分,等分的数目称为"灰度等级",然后取该灰度等级为某个像素点的灰度值,每个点的灰度值在其相应的灰度等级内取整,取整的原则是四舍五入。由于计算机中的数字均用二进制表示,因此灰度等级一般都取为 $i = 2^m$($m$ 是正整数)。当 $m=1$ 时,$i=2$,只有黑、白两个灰度值;当 $m=8$ 时,$i=256$,即有 256 个灰度值,其级数为介于 $0 \sim 255$ 的一个整数,0 为黑,255 为白,每个像元素的灰度值占 8bit,即一个字节。量化过程会给影像的灰度带来凑整误差,其最大误差为 $\pm 0.5$ 个密度单位,量化误差同密度等级有关,密度等级越大,量化误差越小,但会增大数据量。

## 8.2.3 数字影像的构成

经过采样和量化之后得到的数字影像是一个二维数字矩阵:

$$G = g(m, n) \tag{8-3}$$

矩阵中每一个元素被称为像元素(pixel),数字化像元素的点位坐标 $(\bar{x}, \bar{y})$,可由像元素所在矩阵的行、列号 $m, n$ 来表示。像元素 $g(m, n)$ 是一个灰度值对应着光学影像或实体的一个微小区域。$g(m, n)$ 一般是 $0 \sim 255$ 之间的某个整数,代表像元素的黑白程度。矩阵每一行对应一个扫描行(图 8-2)。

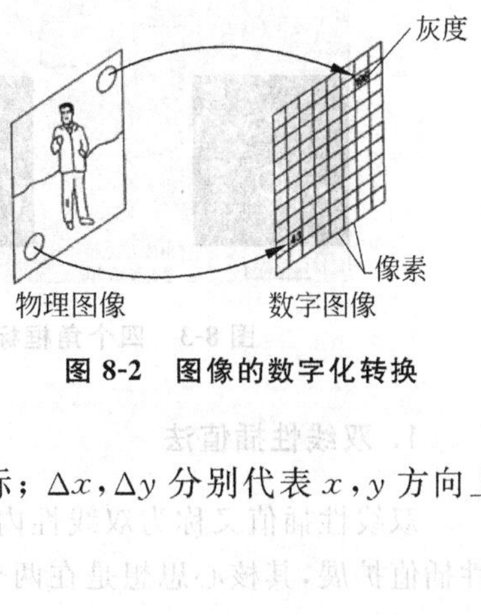

$$\left. \begin{array}{l} \bar{x} = \bar{x}_0 + (n-1)\Delta x \\ \bar{y} = \bar{y}_0 + (m-1)\Delta y \end{array} \right\} \tag{8-4}$$

**图 8-2 图像的数字化转换**

式中,$\bar{x}_0, \bar{y}_0$ 为矩阵中第一行、第一列元素对应的点位坐标;$\Delta x, \Delta y$ 分别代表 $x, y$ 方向上的采样间隔。点位坐标一般指扫描坐标。

### 8.2.4 影像内定向

在摄影测量中,是以像主点为原点的像平面直角坐标来建立像点与地面点的坐标关系。内定向的目的是确定内定向元素$(x,y,f)$。而在数字摄影测量中,由于像片扫描坐标一般与像平面坐标不平行,坐标原点不同且还有一定的形变,因此同一像点的像平面坐标$(x,y)$与其扫描坐标$(\bar{x},\bar{y})$不相等。数字摄影测量中内定向的目的就是要建立影像的像平面坐标与扫描坐标之间的换算关系,这种换算关系称为数字影像内定向。一般认为两坐标之间存在仿真变换,即

$$\left.\begin{array}{l} x = h_0 + h_1\,\bar{x} + h_2\,\bar{y} \\ y = k_0 + k_1\,\bar{x} + k_2\,\bar{y} \end{array}\right\} \tag{8-5}$$

式中,$h_0,h_1,h_2,k_0,k_1,k_2$为内方位定向参数,其数值一般由像片上四个框标点的扫描坐标及其对应的像平面坐标组成误差方程式,经过平差运算求得。

由数字航空摄影机直接获得的数字影像,除了不需要数字化外,也不需要内定向。角框标志如图8-3所示。

### 8.2.5 数字影像重采样

数字影像是个规则排列的灰度格网序列,但当对数字影像进行几何处理时,如对核线的排列、数字纠正等,由于所求得的像点不一定恰好落在原始像片上像元素的中心(图8-4),要获得该像点的灰度值,就要在原采样的基础上再一次采样,即重采样。此时就必须采用适当的方法,把该点周围整数点位上灰度值对该点的灰度贡献累积起来,构成该点位新的灰度值。重采样是数字摄影测量的重要工具。常用的重采样方法有双线性插值法、双三次卷积法和最邻近像元法。

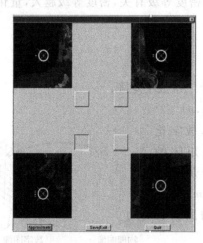

图8-3 四个角框标志

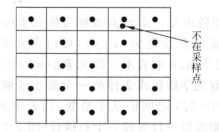

图8-4 待求点不在采样点上

#### 1. 双线性插值法

双线性插值又称为双线性内插。在数学上,双线性插值是有两个变量的插值函数的线性插值扩展,其核心思想是在两个方向分别进行一次线性插值。双线性插值法的卷积核(权

函数)是一个三角函数,即

$$W(x) = 1 - |x|, \quad 0 \leqslant |x| \leqslant 1 \tag{8-6}$$

此时需要待重采样点 $P$ 附近的四个原始影像灰度值参加计算。如图 8-5 所示,11、12、21、22 为相邻像元中心,像元间隔为一个单位,它们的灰度值分别为 $g_{11}$、$g_{12}$、$g_{21}$、$g_{22}$,$P$ 为待重采样点的位置。计算出四个原始点为点 $P$ 所作贡献的权值,以构成一个 $2\times2$ 的二维卷积核 $\boldsymbol{W}$(权矩阵),把它与四个原始像元素灰度值构成的 $2\times2$ 灰度矩阵 $\boldsymbol{g}$ 作哈达玛(Hadmard)积运算,即可得到待重采样点 $P$ 的灰度值 $\boldsymbol{g}_p$:

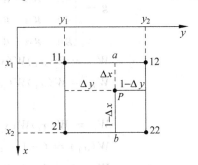

图 8-5　双线性内插法

$$
\begin{aligned}
\boldsymbol{g}_p &= \sum_{i=1}^{2}\sum_{j=1}^{2}\boldsymbol{g}(i,j) * \boldsymbol{W}(i,j) \\
&= g_{11} \cdot W_{11} + g_{12} \cdot W_{12} + g_{21} \cdot W_{21} + g_{22} \cdot W_{22}
\end{aligned} \tag{8-7}
$$

其中:

$$
\boldsymbol{g} = \begin{bmatrix} g_{11} & g_{12} \\ g_{21} & g_{22} \end{bmatrix}, \qquad \boldsymbol{W} = \begin{bmatrix} W_{11} & W_{12} \\ W_{21} & W_{22} \end{bmatrix}
$$

$$W_{11} = W(x_1)W(y_1), \quad W_{12} = W(x_1)W(y_2)$$

$$W_{21} = W(x_2)W(y_1), \quad W_{22} = W(x_2)W(y_2)$$

$\boldsymbol{g}(i,j) * \boldsymbol{W}(i,j)$ 为两个矩阵的哈达玛积,它是这两个矩阵各对应元素的乘积之和。

$$W(x_1) = 1 - \Delta x, \quad W(x_2) = \Delta x$$

$$W(y_1) = 1 - \Delta y, \quad W(y_2) = \Delta y$$

$$\Delta x = x - \text{int}(x), \quad \Delta y = y - \text{int}(y)$$

$$g_p = (1-\Delta x)(1-\Delta y)g_{11} + (1-\Delta x)\Delta y g_{12} + \Delta x(1-\Delta y)g_{21} + \Delta x \Delta y g_{22} \tag{8-8}$$

注意离 $P$ 点越近的点计算得到的权值就越大,对 $P$ 点的影响就大。

### 2. 双三次卷积法

双三次卷积法是利用三次样条函数进行的重采样,三次样条函数的表达式为

$$
\begin{cases}
W_1(x) = 1 - 2x^2 + |x|^3, & 0 \leqslant |x| < 1 \\
W_2(x) = 4 - 8|x| + 5x^2 - |x|^3, & 1 \leqslant |x| < 2 \\
W_3(x) = 0, & 2 \leqslant |x|
\end{cases} \tag{8-9}
$$

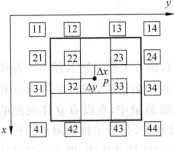

图 8-6　双三次卷积内插法

用式(8-9)作为权函数对任一点重采样时,需该点周围 16 个原始像元参加计算,如图 8-6 所示。与双线性插值法相同,重采样也可以用 16 个邻近像元灰度矩阵与对应权阵的哈达玛积来计算。此时重采样点 $P$ 的灰度值 $\boldsymbol{g}_p$ 为

$$\boldsymbol{g}_p = \sum_{i=1}^{4}\sum_{j=1}^{4}\boldsymbol{g}(i,j) \times \boldsymbol{W}(i,j) \tag{8-10}$$

式中

$$
\boldsymbol{g} = \begin{bmatrix} g_{11} & g_{12} & g_{13} & g_{14} \\ g_{21} & g_{22} & g_{23} & g_{24} \\ g_{31} & g_{32} & g_{33} & g_{34} \\ g_{41} & g_{42} & g_{43} & g_{44} \end{bmatrix}, \quad \boldsymbol{W} = \begin{bmatrix} W_{11} & W_{12} & W_{13} & W_{14} \\ W_{21} & W_{22} & W_{23} & W_{24} \\ W_{31} & W_{32} & W_{33} & W_{34} \\ W_{41} & W_{42} & W_{43} & W_{44} \end{bmatrix}
$$

$$W_{11} = W(x_1)W(y_1)$$

$$W_{12} = W(x_1)W(y_2)$$

$$\vdots$$

$$W_{ij} = W(x_i)W(y_j)$$

$$W(x_1) = (-1 - \Delta x) = -\Delta x + 2\Delta x^2 - \Delta x^3$$

$$W(x_2) = (-\Delta x) = 1 - 2\Delta x^2 + \Delta x^3$$

$$W(x_3) = (1 - \Delta x) = \Delta x + \Delta x^2 - \Delta x^3$$

$$W(x_4) = (2 - \Delta x) = -\Delta x^2 + \Delta x^3$$

$$W(y_1) = (-1 - \Delta y) = -\Delta y + 2\Delta y^2 - \Delta y^3$$

$$W(y_2) = (-\Delta y) = 1 - 2\Delta y^2 + \Delta y^3$$

$$W(y_3) = (1 - \Delta y) = \Delta y + \Delta y^2 - \Delta y^3$$

$$W(y_4) = (2 - \Delta x) = -\Delta y^2 + \Delta y^3$$

同双线性内插相同,$\boldsymbol{W}$ 为权矩阵,但是双三次卷积的权矩阵较复杂,为一个 $4 \times 4$ 矩阵,$\boldsymbol{g}(i,j) * \boldsymbol{W}(i,j)$同样为两个矩阵的哈达玛积,也就是两个矩阵各对应元素的乘积之和。双三次卷积插值计算方法比较复杂,计算量也不小,一般没有有特殊精度要求不采用这种方法。

### 3. 最邻近像元法

最邻近像元法是取离重采样点位置最近的像元($N$)的灰度值作为重采样点的灰度值,即

$$g_p = g_N \tag{8-11}$$

式中,$N$ 为最邻近点,其影像坐标值为

$$x_N = \text{int}(x + 0.5), \quad y_N = \text{int}(y + 0.5) \tag{8-12}$$

以上三种方法中,最邻近像元法计算最简单、速度最快,且不破坏原始影像的灰度信息,但其几何精度较差,最大误差可达 $0.5$ 个像素;双三次卷积法精度高,但计算量最大;双线性插值法既能获得较好的精度,也能达到较快的速度,是一种普遍采用的方法。

# 8.3 基于灰度的数字影像相关

无论是解析摄影测量还是模拟摄影测量,都需要在左、右像片上搜索同名像点。在模拟测图仪上作业,是作业人员通过双眼不断在左右像片上寻找同名像点,进行立体观察和测量,寻找同名像点的过程,也就是探求影像的相关。数字摄影测量中,在没有立体观测的情况下,如何从左、右数字影像中寻找同名像点,亦即数字影像相关,是数字摄影测量的核心问题之一。对影像相关问题的研究,最开始是从分析影像的灰度特征开始的,提出了各具特色的数字影像相关方法,例如协方差法、相关系数法、高精度最小二乘法、基于物方匹配的

VLL 法等。这些方法有一个共同的特点,即它们都是基于相关点所在的一个小区域内的影像灰度。随着研究的深入和大量的生产实践发现,尽管灰度数字影像相关可以达到一个相当高的精度,但是对于千变万化的地物图像,有时却显得无能为力。例如,具有均匀亮度的信息贫乏区域,或者两个影像之间存在较大比例尺差异或扭曲的区域,无论采用哪种基于灰度数的数字相关方法都难以得到正确的相关结果。基于特征的影像匹配能够从细节入手,先提取地物的特征,然后基于特征点、线和面进行特征匹配,解决了区域影像相关的不足。

本节主要介绍基于灰度的影像相关的概念和方法,而基于特征的匹配算法在后面章节进行详细讲述。

### 1. 基于灰度的数字影像相关的概念

所谓基于灰度的数字影像相关,是以小区域内的影像灰度分布为相关基础,主要是基于待相关点所在的一个小区域内的影像灰度特性,然后取另一影像中相应区域的影像信息,利用相关函数计算两者的相似程度完成影像相关。其做法是在左片上确定一个待定点,以该点为中心选取 $n \times n$ 个点的灰度阵列作为目标区,一般 $n$ 为奇数,其中心点即为待定点。为了在右片上便于搜索到同名像点,估计出该同名点可能出现的范围,以此定出一个 $l \times m$ 的灰度阵列($l > n, m > n$)作为搜索区。若搜索工作在 $x, y$ 两个方向进行,这种工作的相关运算是二维的,称为二维影像相关,如图 8-7 所示。相关过程就是依次把一个目标区的灰度阵列,与搜索区内搜索到的某一个与目标区阵列有同等大小的阵列,根据它们的灰度值按某一数字相关方法进行计算,判断它们的相似程度并最终找出同名像点。

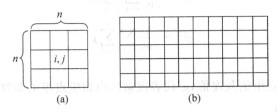

**图 8-7　二维影像相关目标区与搜索区**

(a) 目标区;(b) 搜索区

若在搜索区寻找同名像点时,搜索工作只在一个方向进行,这种情况的相关运算是一维的,因而称为一维影像相关。如图 8-8 所示,仍取一个待定点为中心,$n \times n$ 个像素点的窗口作为目标区,此时,搜索区为 $m \times n (m > n)$ 个像素点的灰度阵列,因而此时的搜索区是在一个方向上进行的。同名像点位于同名核线上,沿同名核线寻找同名像点属于一维影像相关。

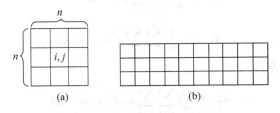

**图 8-8　一维相关目标区与搜索区**

(a) 目标区;(b) 搜索区

### 2. 影像相关的几种基本算法

在数字摄影测量中,以数字影像匹配代替传统的人工观测,达到自动确定同名像点的目的。影像匹配即通过一定的匹配算法在两幅或多幅影像之间识别同名点的过程。最初的影像匹配是利用相关技术实现的,因而也有人称影像匹配为影像相关。但是实际上影像相关只是影像匹配的一种方法,目前摄影测量中的影像匹配方法主要包括基于灰度的影像相关和基于特征的影像匹配。前者是利用目标区和搜索区内影像灰度矩阵进行的同名点的搜索,后者是以影像中的特征为依据进行同名特征的搜索,继而获得同名像点。这里主要介绍基于灰度的影像相关的几种基本算法。

如图 8-7 所示,目标窗口的灰度矩阵为 $G=g(i,j)$,其中 $i=j=1,2,\cdots,n$。$n$ 是矩阵 $G$ 的行列数,一般情况下为奇数。搜索区灰度矩阵为 $G'=g'(i,j)$,其中 $i=1,2,3,\cdots,l,j=1,2,3,\cdots,m$,$l$ 与 $m$ 是矩阵 $G'$ 的行列数,一般情况下也为奇数。

#### 1) 协方差法

协方差法是以目标窗口与搜索窗口灰度的协方差值作为相似性判据的依据,计算出协方差函数值最大的窗口,其中心像素被认为是目标点的同名像点。

$$\sigma_{gg'} = \frac{1}{n^2}\sum_{i=1}^{n}\sum_{j=1}^{n}g_{ij}g'_{i+k,j+h} - \overline{g}\,\overline{g}' \tag{8-13}$$

其中:

$$\overline{g} = \frac{1}{mn}\sum_{i=1}^{m}\sum_{j=1}^{n}g_{ij}$$

$$\overline{g}' = \frac{1}{mn}\sum_{i=1}^{m}\sum_{j=1}^{n}g'_{ij}$$

#### 2) 相关系数法

设 $g$ 代表目标区点组的灰度值,$g'$ 代表搜索区内相应点组的灰度值,则每个点组共取 $n$ 个点的灰度值的均值:

$$\overline{g} = \frac{1}{n^2}\sum_{i=1}^{n}\sum_{j=1}^{n}g_{ij}$$

$$\overline{g}' = \frac{1}{n^2}\sum_{i=1}^{n}\sum_{j=1}^{n}g'_{i+k,j+h}$$

两个点组的方差:

$$\sigma_{gg} = \frac{1}{n^2}\sum_{i=1}^{n}\sum_{j=1}^{n}g_{ij}^2 - \overline{g}^2$$

$$\sigma_{g'g'} = \frac{1}{n^2}\sum_{i=1}^{n}\sum_{j=1}^{n}g'^2_{i+k,j+h} - \overline{g}'^2_{kh}$$

两个点组的协方差:

$$\sigma_{gg'} = \frac{1}{n^2}\sum_{i=1}^{n}\sum_{j=1}^{n}g_{ij}g'_{i+k,j+h} - \overline{g}\,\overline{g}'$$

两个点组的相关系数 $\rho_{k,h}$:

$$\rho_{k,h} = \frac{\sigma_{gg'}}{\sqrt{\sigma_{gg}\sigma_{g'g'}}} \quad (k=0,1,\cdots,m-n; \; h=0,1,\cdots,l-n) \tag{8-14}$$

在搜索区内沿核线寻找同名像点,每次移动一个像素,按式(8-14)依次计算出相关系数 $\rho$,可以求出 $(l-n+1)(m-n+1)$ 个相关系数。目标区相对于搜索区不断移动一个整像素,当相关系数为最大值时,对应的相关窗口的中心点就是待定的同名像点。

3)相关函数法

相关函数的估算公式为

$$R(k,h) = \sum_{i=1}^{n} \sum_{j=1}^{n} g_{i,j} g'_{i+h,j+K} \tag{8-15}$$

根据式(8-15)求出 $(l-n+1)(m-n+1)$ 个 $R$ 值,当 $R$ 函数的灰度值最大时,$G' = g'(i,j)$ 为同名区域,该区域的中心点为待定的同名像点,若是一维相关,则 $h=0$。

4)差平方和

灰度函数 $g(x,y)$ 与 $g(x',y')$,差平方和的计算式为

$$S^2(k,h) = \sum_{i=1}^{n} \sum_{j=1}^{n} (g_{i,j} - g'_{i+h,j+K})^2 \tag{8-16}$$

同样根据式(8-16)可以求出 $(l-n+1)(m-n+1)$ 个 $S$ 值,当其值最小时,对应的窗口中心点就是同名像点,同样若为一维相关,则 $h=0$。

5)差的绝对和

差的绝对和计算公式为

$$S(k,h) = \sum_{i=1}^{n} \sum_{j=1}^{n} \mid g_{i,j} - g'_{i+h,j+h} \mid \tag{8-17}$$

根据式(8-17)可以求出 $(l-n+1)(m-n+1)$ 个 $S$ 值,当其值最小时,对应的窗口中心点就是同名像点,同样对于一维相关,$h=0$。

## 8.4 高精度最小二乘相关

### 1. 最小二乘相关的基本思想

最小二乘相关的方法是由德国 Stuttgart 大学 Ackermann 和 Pertl 利用相关影像灰度差的平方和最小的原理 $\left(\text{即} \sum vv = \min\right)$,在相关运算中灵活引入各种参数和条件进行整体平差,从而获得了极高的相关精度。这种方法的特点是在相关运算中引入变换参数作为待定值,直接纳入最小二乘法运算中。引入变换参数的目的是抵偿两个窗口之间的辐射及几何差异。根据实验成果的分析,利用这种方法寻找同名像点,其精度可达到 $1/50 \sim 1/100$ 像元($\mu m$)。因此这种方法称为高精度最小二乘相关。

影像的灰度存在偶然误差与系统误差。影像灰度的偶然误差称为随机噪声,影像灰度的系统变形有两大类:辐射畸变和几何畸变。辐射畸变主要包括:照明及被摄影物体辐射面的方向;大气与摄影机物镜所产生的衰减;摄影处理条件的差异以及影像数字化过程中所产生的误差等。几何畸变主要包括摄影机方位不同所产生的影像透视畸变及由于地形坡度所产生的影像畸变等(竖直航空摄影的情况下,地形高差则是几何畸变的主要因素)。由于这些误差的存在,一般的数字相关方法难以达到较高的精度,因此需要在数字影像相关计算中引入这些变形参数,同时按最小二乘的原则求解这些参数,这就是最小二乘相关的基本思想。

根据引入的参数不同,最小二乘相关法建立不同的平差数学模型,例如在一维影像相关中,引入左右同名像点的相对位移为参数;在二维相关运算中,引入几何畸变系数和辐射畸变系数。

### 2．一维相关

首先在相对简单的一维相关的情况下阐述最小二乘相关的原理和过程,假设左右像片上各有一条进行数字相关运算的灰度函数 $g_1(x)$ 和 $g_2(x)$,传统的方法是在目标区相对搜索区不断移动一个像素,在移动的过程中计算相关系数,搜索最大相关系数影像区中心作为同名像点,而在一维最小二乘影像相关中,把搜索区像点位移量作为一个参数引入,可以直接解算搜索区像点位移。在这里假设是沿着 $x$ 方向寻找同名像点,$y$ 方向没有位移。

设左、右像片的随机噪声函数为 $n_1(x)$、$n_2(x)$,$g_1(x)$ 相对于 $g_2(x)$ 存在位移量 $\Delta x$,则可以列出公式:

$$\left. \begin{aligned} \bar{g}_1(x_i) &= g_1(x_i) + n_1(x_i) \\ \bar{g}_2(x_i) &= g_2(x_i + \Delta x) + n_2(x_i) \end{aligned} \right\} \tag{8-18}$$

式中,$\bar{g}_1(x_i)$,$\bar{g}_2(x_i)$ 表示引入参数改正后的灰度矩阵函数,脚注 $i$ 代表像素 $i$ 处的相应位置。

当左、右像点为同名像点时:

$$g_1(x_i) + n_1(x_i) = g_2(x_i + \Delta x) + n_1(x_i)$$

令

$$v(x_i) = n_1(x_i) - n_2(x_i) = g_2(x_i + \Delta x) - g_1(x_i) \tag{8-19}$$

为了求解 $\Delta x$,需要对式(8-19)进行线性化:

$$v(x_i) = g_2'(x_i) \cdot \Delta x - [g_1(x_i) - g_2(x_i)] \tag{8-20}$$

对于离散的数字影像,灰度函数的倒数 $g_2'(x_i)$ 可以用差分 $\dot{g}_2(x_i)$ 来代替,即

$$\dot{g}_2(x_i) = \frac{g_2(x_i + \Delta) - g_2(x_i - \Delta)}{2\Delta} \tag{8-21}$$

式中,$\Delta$ 为采样间隔。

令 $g_1(x_i) - g_2(x_i) = \Delta g$,则式(8-21)可以写成

$$v = \dot{g}_2 \Delta x - \Delta g \tag{8-22}$$

为了解算 $\Delta x$,取一个窗口,对窗口内每一个像元都可以列出一个误差方程。利用最小二乘法取

$$\sum v(x_i) = \sum [n_1(x_i) - n_2(x_i)]^2 = \min \tag{8-23}$$

即可求得 $\Delta x$ 的值。由于解算的误差方程式是经过线性化得到的,因此解算需要进行迭代,每次求解得到 $\Delta x$ 后需要对 $g_2$ 进行重采样,各次迭代计算时,系数项 $\dot{g}_2$ 与 $\Delta g$ 均采用重采样以后的灰度值进行计算。

### 3．二维相关

在二维最小二乘影像相关计算中,灰度函数分别为 $g_1(x,y)$ 和 $g_2(x,y)$。在二维计算中除了偶然误差之外,还需要考虑几何形变和灰度畸变。由于影像相关的窗口尺寸一般很

小,所以一般用一次畸变进行几何变形改正,将左影像窗口的坐标 $x,y$ 变换至右影像 $x_2,y_2$:

$$\left.\begin{array}{l} x_2 = a_0 + a_1 x + a_2 y \\ y_2 = b_0 + b_1 x + b_2 y \end{array}\right\} \tag{8-24}$$

式中,$a_0,a_1,a_2,b_0,b_1,b_2$ 为几何变形改正参数。

右影像相对于左影像的灰度畸变为

$$g_1(x,y) = h_0 + h_1 g_2(x,y) \tag{8-25}$$

式中,$h_0,h_1$ 为灰度畸变参数,灰度畸变一般也只考虑一次正形变换或仿真变形。

综合式(8-24)、式(8-25)及偶然误差改正,则有

$$g_1(x,y) + n_1(x,y) = h_0 + h_1 g_2(a_0 + a_1 x + a_2 y, b_0 + b_1 x + b_2 y) + n_2(x,y) \tag{8-26}$$

对式(8-26)线性化,即可得最小二乘影像相关的误差方程:

$$v = c_1 dh_0 + c_2 dh_1 + c_3 da_0 + c_4 da_1 + c_5 da_2 + c_6 db_0 + c_7 db_1 + c_8 db_2 - \Delta g \tag{8-27}$$

式中,$dh_0,dh_1,da_0,da_1,da_2,db_0,db_1,db_2$ 为待定参数的改正值,它们的初始值分别为 $h_0=0$,$h_1=1$;$a_0=0,a_1=1,a_2=0$;$b_0=0,b_1=0,b_2=1$;观测值 $\Delta g$ 为相应像素的灰度差。

式(8-27)误差方程的系数为

$$\left.\begin{array}{l} c_1 = 1 \\ c_2 = g_2 \\ c_3 = \dfrac{\partial g_2}{\partial x_2} \cdot \dfrac{\partial x_2}{\partial a_0} = (\dot{g}_2)_x = \dot{g}_x \\[2mm] c_4 = \dfrac{\partial g_2}{\partial x_2} \cdot \dfrac{\partial x_2}{\partial a_1} = x \dot{g}_x \\[2mm] c_5 = \dfrac{\partial g_2}{\partial x_2} \cdot \dfrac{\partial x_2}{\partial a_2} = y \dot{g}_x \\[2mm] c_6 = \dfrac{\partial g_2}{\partial y_2} \cdot \dfrac{\partial y_2}{\partial b_0} = \dot{g}_y \\[2mm] c_7 = \dfrac{\partial g_2}{\partial y_2} \cdot \dfrac{\partial y_2}{\partial b_1} = x \dot{g}_y \\[2mm] c_8 = \dfrac{\partial g_2}{\partial y_2} \cdot \dfrac{\partial y_2}{\partial b_2} = y \dot{g}_y \end{array}\right\} \tag{8-28}$$

按式(8-27)和式(8-28)在目标区内逐像素建立误差方程,其矩阵形式为

$$V = CX - L \tag{8-29}$$

式中,$X = (dh_0, dh_1, da_0, da_1, da_2, db_0, db_1, db_2)^T$,由误差方程建立法方程为

$$C^T C X = X^T L \tag{8-30}$$

与一维相关情况相同,二维最小二乘影像相关参数求解也是一个迭代过程,其中右边影像的同名像点坐标通过几何变形参数直接求得,具体迭代过程如图 8-9 所示,具体步骤如下。

(1) 几何变形改正,根据几何变形改正参数将左影像窗口的像片坐标变换到右影像;

(2) 重采样,由上一步换算得到的坐标一般不可能是右边矩阵中的整行列号,因此要重采样以获得灰度值;

(3) 辐射畸变改正,利用最小二乘影像相关所求得的辐射畸变改正参数 $h_0,h_1$,对上一步重采样的结果做辐射改正 $[h_0 + h_1 g_2(x_2, y_2)]$;

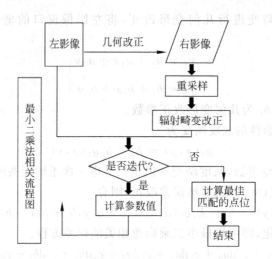

图 8-9　二维最小二乘影像相关流程

（4）计算相关系数，判断是否需要继续迭代（计算左窗口 $g_1$ 与经过几何和辐射校正的右窗口灰度矩阵 $h_0+h_1 g_2(x_2,y_2)$ 之间的相关系数，判断是否需要继续迭代）；

（5）采用最小二乘影像相关求解变形系数的改正值 $dh_0,dh_1,\cdots,db_2$，计算变形参数的改正数 $dh_0,dh_1$，将求出的改正值叠加到上次的代入值中；

（6）计算最佳匹配点，影像相关的目的就是求解同名像点，在求解出上面的未知数后，同名点的坐标可由几何变换参数求得：

$$
\left.\begin{array}{l}
x = a_0 + a_1 x_t + a_2 y_t \\
y = b_0 + b_1 x_t + b_2 y_t
\end{array}\right\}
\tag{8-31}
$$

在计算中引入随机噪声改正、几何变形改正和辐射变形改正，达到最优估计，计算中直接求出匹配的像素位置而不需要内插，因此可以获得高精度的相关结果。

# 8.5　基于物方匹配的 VLL 法

### 1. 基本思想

本章前面介绍的几种基于灰度的影像相关方法，是在目标窗口影像固定的情况下，且匹配的结果只能获取同名像点的像点坐标。在获得同名像点坐标后还要利用空间前方交会解算其对于物点的空间三维坐标，然后建立数字地面模型，在建立 DEM 时，还可能会内插，使得精度或多或少地降低。因此，能够直接确定物体表面点空间三维坐标的影像匹配方法，也称为"地面元影像匹配"，亦被称为基于物方匹配的 VLL（vertical line locus）法。待定点平面坐标已知，只需要确定其高程 $Z$，基于物方的匹配算法也可理解为高程直接求解的影像匹配方法。

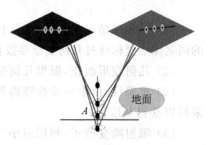

如图 8-10 所示，根据底点特性，垂直地面的直线（铅垂线）在影像上的构像为指向像底点的直线，即铅

图 8-10　物方匹配的 VLL 法

垂线与地面的交点为 $A$，$A$ 点在像对上的同名像点位于左、右像片标出的直线上(该直线过像底点)，但是同名像点的具体位置还需要建立模型进行确定。与之前的相关方法不同，VLL 方法的匹配窗口和搜索窗口都是变化的，匹配结果可获得同名像点及同名像点所对应物点的 $Z$ 坐标。

### 2．解算步骤

利用 VLL 法搜索 $A$ 的像点 $a_1$ 与 $a_2$，从而确定 $A$ 点高程的过程：

(1) 给定 $A$ 点平面坐标 $(X,Y)$ 与近似最低点高程 $Z_{\min}$ 和近似最高点高程 $Z_{\max}$；

(2) 按照一定的间隔 $\Delta Z$ 给定高程值 $Z_i = Z_{\min} + i\Delta Z$，$i = 1, 2, \cdots, n$，$Z_{\min} \leqslant Z_i \leqslant Z_{\max}$；

(3) 根据地面点已知的平面坐标、可能的高程值 $Z_i$ 和已知的外方位元素(立体像对共 12 个外方位元素)，根据共线方程，计算左、右像点的坐标 $(x_i', y_i')$ 和 $(x_i'', y_i'')$；

$$\left.\begin{array}{l} x_i' = -f\dfrac{a_1'(X-X_s')+b_1'(Y-Y_s')+c_1'(Z-Z_s')}{a_3'(X-X_s')+b_3'(Y-Y_s')+c_3'(Z-Z_s')} \\[3mm] y_i' = -f\dfrac{a_2'(X-X_s')+b_2'(Y-Y_s')+c_2'(Z-Z_s')}{a_3'(X-X_s')+b_3'(Y-Y_s')+c_3'(Z-Z_s')} \\[3mm] x_i'' = -f\dfrac{a_1''(X-X_s'')+b_1''(Y-Y_s'')+c_1''(Z-Z_s'')}{a_3''(X-X_s'')+b_3''(Y-Y_s'')+c_3''(Z-Z_s'')} \\[3mm] y_i'' = -f\dfrac{a_2''(X-X_s'')+b_2''(Y-Y_s'')+c_2''(Z-Z_s'')}{a_3''(X-X_s'')+b_3''(Y-Y_s'')+c_3''(Z-Z_s'')} \end{array}\right\} \tag{8-32}$$

(4) 分别以 $(x_i', y_i')$ 与 $(x_i'', y_i'')$ 为中心，在左、右影像上取影像窗口，计算其匹配测度(图 8-11)，如相关系数 $\rho_i$；

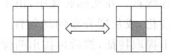

**图 8-11　左、右片取影像窗口进行匹配**

(5) 将 $i$ 的值增加 1，重复步骤(2)～(4)，得到 $\rho_0, \rho_1, \rho_2, \cdots, \rho_n$ 取其最大者 $\rho_k$：

$$\rho_k = \max\{\rho_0, \rho_1, \rho_2, \cdots, \rho_n\} \tag{8-33}$$

该地面点 $A$ 的高程值为 $Z_k = Z_{\min} + k\Delta Z$，即 $Z_A = Z_k$。

为了提高匹配的精度，除了可以减小高程步距 $\Delta Z$ 外，还可以 $\rho_k$ 及其相邻的几个相关系数值为纵坐标值，它们的像元素位置(相对 $k$ 点的)为横坐标值，拟合出一条抛物线($y = ax^2 + by + c$)，如图 8-12 所示，以其极值点(抛物线顶点)对应的高程作为 $A$ 点的高程。

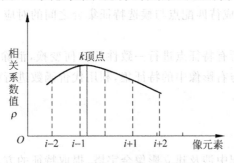

**图 8-12　相关系数抛物线拟合**

130

## 8.6 基于特征的影像匹配

本章前面介绍的几种基于灰度的影像相关方法,均是直接以待定点为中心的窗口内影像的灰度值为依据进行同名像点的搜索。这样的方法无法估计图像的总体结构,机械地按照某种算法进行相关搜索。虽然在一定条件下也能获得较高精度的相关,但是在匹配的点位位于低反差区内(即在该窗口内信息贫乏,信噪比很小),相关影像之间存在较大比例尺差异或扭曲的地区以及只选择性的匹配某些"感兴趣"的点、线或面的情况下,基于灰度的影像相关并不可靠。

根据人类视觉系统观察事物的经验,往往是先整体后局部,先轮廓后细节,从而启迪人们从提取图像的特征入手,进行基于特征的影像匹配研究,并已提出了有效的基于特征的影像匹配算法。基于特征的匹配解决了灰度匹配中所遇到的难题,发展出一种以特征层而非影像层上对具有特征的点、线、面进行影像匹配的方法。以影像上提取的特征为共轭实体,以特征的描述参数为匹配实体,通过计算匹配实体之间的相似性测度,实现共轭实体配准的影像匹配方法,称为基于特征的影像匹配(feature-based image matching)。常用的特征有点、线、面等。常用的特征描述参数包括:点的圆度,特征周围的灰度分布;线的长度、方向、宽度、梯度;面特征面积、形状,与周围面特征的关系等。

本节对特征匹配进行概述后,主要对特征点的匹配进行论述。

### 1. 特征匹配的步骤

特征是影像灰度曲面的不连续点。在实际影像中,由于点扩散函数的作用,特征表现为在一个微小邻域中灰度的急剧变化,或灰度分布的均匀性。基于特征匹配的基本思想是首先利用影像分析的方法在像片上提取特征,然后再找出两像片间相匹配的(即同名的)特征。用于匹配的特征应具有唯一性和物理意义。特征匹配主要步骤如下。

1) 特征提取

用于匹配的特征点或线应具有确定的属性,能够从多张相互独立的像片中提取这些特征,大多数的特征匹配方法是用特征提取算子(或兴趣算子)提取特征的点或线。

2) 候选特征点的确定

对所提取的特征属性进行比较,将属性相似的特征分为一类,作为左影像上待配准的候选特征点。例如,对提取的边缘灰度值,可以检查左影像上待提取的配准边缘与右影像上所提取的边缘之间是否有相同的对比符号,从而确定右影像上候选点边缘,将同一特征的所有候选特征分为一类,可形成待匹配点与候选特征集合之间的对应表。

3) 最终的特征对应

通过对一定窗口内所有特征点进行一致性的几何变换,消除初始特征对应表中的不确定性。左影像上的特征与右影像中的特征集,利用代价函数进行相似度测量,从而形成最佳的共轭匹配特征对。

### 2. 特征匹配的策略

基于特征的影像匹配中涉及建立影像金字塔、提取特征的方式、特征匹配顺序等关键技术。下面主要介绍影像金字塔的建立和特征提取的分布方式两方面的内容。

1）建立影像金字塔

对二维影像逐次进行低通滤波，增大采样间隔，得到一个像元素总数逐渐变小的影像序列，将这些影像叠置起来颇像一座金字塔，称为金字塔影像结构。例如，经典的 $2\times2/4$ 金字塔中，原始影像每 $2\times2=4$ 个像元形成第二层的一个像元，即 4 个像元平均为一个像元构成二层影像，在二层影像的基础上构成三级影像，层与层之间像素数以 4 倍数减少。图 8-13(a)是四像元构成的金字塔示意图，图 8-13(b)是一幅遥感影像 4 层 $2\times2/4$ 金字塔。

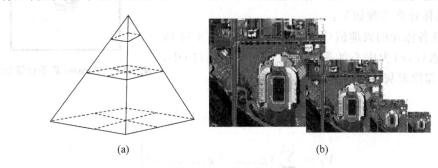

（a）　　　　　　　　　（b）

**图 8-13　影像金字塔的构成**

（a）四像元平均；（b）金字塔影像

金字塔的多层结构可以增大像素尺寸而减少搜索空间。由于低通滤波和抽样作用，使得在金字塔最顶端所保留的特征是影像中最明显、能量最集中且由影像中较大的特征结构所形成的特征，小尺度反差不强的特征则被多次的平滑所抑制和湮没。由于金字塔最顶层是多次滤波后生成的影像，主要由低频成分构成，因此在金字塔最高层进行特征匹配，对明显突出、结构较大、反差剧烈的特征匹配更可靠、更稳健。

2）提取特征的分布方式

对所提取的特征，针对不同的应用目的，采用不同的特征提取方法，一般对特征点的分布采用两种方式。

（1）随机分布：随机进行特征提取且控制特征的密度，并去掉特征点周围的其他点。

（2）均匀分布：将格网点划分成矩形格网，在每一个格网内提取一个或若干个特征点，根据不同的应用目的确定格网的边长与提取的点数。

**3. 基于点特征的影像匹配**

点特征是最常采用的一种图像特征，包括物体边缘点、角点、线交叉点等。特征点的属性参数或特征描述可以是特征点周围的灰度值分布，也可以是与周围特征的关系、不变矩及角度等参数。点特征（明显地物点）具有较高的匹配精度，当图像的方位元素未知时，往往需要先匹配少量点求解图像的相对方位元素，此时点特征匹配就显得很重要。特征点的匹配一般可以归结为下述三个步骤。

1）点特征提取

点特征影像匹配的关键就是点特征的提取。提取点特征的算子称为有利算子或兴趣算子，提取的特征点称为有利点或兴趣点。目前有很多点特征算子的提取方法，其中 Moravec 算子度量的是影像的灰度值及其周围灰度差别的特性。Forstner 算子具有选择不变性，并可以达到子像素精度。Moravec 算子和 Forstner 算子是摄影测量中应用比较广泛的两种算子,此外还有 Harris,LY,SuSan 角点提取算子等。本节主要介绍 Moravec 算子和 Forstner 算子。

（1）Moravec 算子

Moravec 于 1977 年提出利用灰度差提取点特征的算子,该算子通过逐像元计算与其相邻像元的灰度差,搜索像元之间具有高反差的点。图 8-14 是 Moravec 算子计算示意图。具体计算步骤如下:

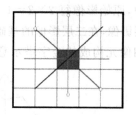

**图 8-14 Moravec 算子计算示意图**

① 计算各像元的兴趣值(interest value),如图 8-14 所示,在以像素 $(c,r)$ 为中心的影像窗口（$5 \times 5$ 的窗口）中,4 个方向相邻像素灰度差的平方和:

$$
\left.
\begin{aligned}
V_1 &= \sum_{i=-k}^{k-1} (g_{c+i,r} - g_{c+i+1,r})^2 \\
V_2 &= \sum_{i=-k}^{k-1} (g_{c+i,r+i} - g_{c+i+1,r+i+1})^2 \\
V_3 &= \sum_{i=-k}^{k-1} (g_{c,r+i} - g_{c,r+i+1})^2 \\
V_4 &= \sum_{i=-k}^{k-1} (g_{c+i,r-i} - g_{c+i+1,r-i-1})^2
\end{aligned}
\right\}
\tag{8-34}
$$

式中,$k = \mathrm{int}\left(\dfrac{w}{2}\right)$；$i = m-k, \cdots, m+k-1$；$j = n-k, \cdots, n+k=1$。

$g_{i,j}$ 代表了像元 $P_{i,j}$ 的灰度值,$w$ 为以像元计的窗口大小,图 8-14 中 $w=5$,则 $m,n$ 为像元在整个影像窗口中的位置序号。然后取 4 个方向中最小值为该像元的兴趣值:

$$
IV_{c,r} = \min\{V_1, V_2, V_3, V_4\}
\tag{8-35}
$$

② 依次选取不同的窗口中心,按式(8-34)和式(8-35)计算兴趣值 $IV$,再给定一经验阈值,将兴趣值大于阈值的点作为候选点。

③ 抑制局部非最大,选取候选点的极值作为特征点,在一定的窗口内将候选点中兴趣值不是最大值的去掉,仅留下一个兴趣值最大值,该像素即是一个特征点,这就是所谓的"抑制局部非最大"。

综上所述,Moravec 算子是在 4 个主要方向上选择具有最大-最小灰度方差的点作为特征点。

（2）Forstner 算子

该算子是 Forstner 于 1984 年提出的,Forstner 算子实质上是一个加权算子,它通过计算各像素的 Robert's 梯度和以像素 $(c,r)$ 为中心的一个窗口的灰度协方差矩阵,在影像中寻找具有尽可能小而接近圆的误差椭圆的点作为特征点。其解算步骤为

① 以某一像素 $(c,r)$ 为中心取一个 $5 \times 5$ 或更大的窗口。

② 逐像元计算 Robert's 梯度和协方差矩阵:

$$g_u = \frac{\partial g}{\partial u} = g_{i+1,j+1} - g_{i,j} \left.\begin{matrix} \\ \\ \end{matrix}\right\}$$
$$g_v = \frac{\partial g}{\partial v} = g_{i,j+1} - g_{i+1,j}$$

(8-36)

③ 计算所取窗口的协方差矩阵：

$$Q = N^{-1} = \begin{bmatrix} \sum g_u^2 & \sum g_u g_v \\ \sum g_v g_u & \sum g_v^2 \end{bmatrix}^{-1}$$

(8-37)

式中，

$$\sum g_u^2 = \sum_{i=c-k}^{c+k-1} \sum_{j=r-k}^{r+k-1} (g_{i+1,j+1} - g_{i,j})^2$$

$$\sum g_v^2 = \sum_{i=c-k}^{c+k-1} \sum_{j=r-k}^{r+k-1} (g_{i,j+1} - g_{i+1,j})^2$$

$$\sum g_u g_v = \sum_{i=c-k}^{c+k-1} \sum_{j=r-k}^{r+k-1} (g_{i+1,j+1} - g_{i,j})(g_{i,j+1} - g_{i+1,j})$$

④ 计算兴趣值 $q$ 和权值 $w$：

$$q = \frac{4\mathrm{Det}N}{(\mathrm{tr}N)^2}$$

(8-38)

$$\omega = \frac{1}{\mathrm{tr}Q} = \frac{\mathrm{Det}N}{\mathrm{tr}N}$$

(8-39)

式中，$\mathrm{Det}N$ 代表矩阵 $\boldsymbol{N}$ 的行列式；$\mathrm{tr}N$ 代表矩阵 $\boldsymbol{N}$ 之迹。

⑤ 确定待选的有利窗口。如果有兴趣值大于给定的阈值，则以该像元为中心的窗口作为候选的最佳窗口，阈值一般为经验值，可参考下列值：

$$T_q = 0.5 \sim 0.75 \left.\begin{matrix} \\ \\ \\ \end{matrix}\right\}$$
$$T_\omega = \begin{cases} f\bar{w}, & f = 0.5 \sim 1.5 \\ c\omega_c, & c = 5 \end{cases}$$

(8-40)

式中，$\bar{w}$ 为图像中所有像元权值的平均值；$\omega_c$ 为图像中所有像元权值的中值；$f,c$ 为经验推荐值。当 $q > T_q$ 且 $w > T_w$ 时，该像元为待选点。

⑥ 选取极值点。以权值 $w$ 为依据，得到最佳窗口，在最佳窗口中确定加权中心作为最后所需的有利点，即特征点。

在点特征提取算子中，Moravec 算子计算简单；Forstner 算子较复杂，但是它能给出特征点的类型且精度较高。以上两种算子均是对整个图像采取一视同仁的态度——逐像元采用相同的方法进行计算，类似的比较知名的算子还有 Hannah 算子和 Dreschler 算子等。

2) 初始候选特征点的确定

利用一种或多种相似性测度，在左右影像上提取的特征点集合间进行初相关并经阈值化处理，建立初步的匹配点对。

匹配候选点的选择，有以下三种方式：

(1) 左影像提取特征后，对右影像进行相应的特征提取，挑选预选框内的特征点作为可能的匹配点。

（2）右影像不进行特征提取，将预测框内的每一个点都作为可能的匹配点。

（3）右影像不进行特征提取，但也不将所有的点作为可能的匹配点，而是采用其他的准则动态确定。

3）最佳匹配点的确定

利用一些约束条件（如核线）剔除初匹配中与约束条件不一致、不相容的候选匹配点，以便形成最佳的共轭匹配点对。在左影像上的特征与右影像上的特征集中，利用代价函数进行相似度测量，从而形成最佳的共轭匹配特征对。

（1）特征点的匹配顺序

① 深度优先：对最上层影像（影像金字塔），每提取一个特征点即对其匹配，然后将结果传递至下一层进行匹配直到原始影像，并以该匹配好的点为中心，对其领域内的点进行匹配；再上传到最高层，从该层已匹配的点领域中，选择另一点进行匹配，将结果换算到原始影像上。重复前一点的过程，直至最上一层最先匹配点的邻域中心处理完，再回到第二层上，对第二层重复上述对最上一层的处理，如此进行直至处理完所有图层，如图 8-15（a）所示。

② 广度优先：这是一种按层处理的方法。首先对上层影像进行特征提取与匹配；将全部点处理完后，将结果转到下一层并加密，然后再进行匹配，重复上述过程直至原始图像，如图 8-15（b）所示。

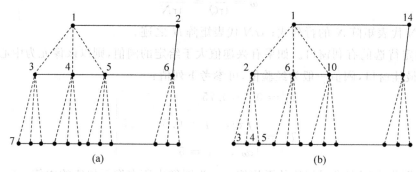

**图 8-15 特征点的两种匹配顺序**

（a）广度优先；（b）深度优先

（2）匹配准则

除了运用一定测相似测度外，还可以考虑特征的方向，周围已经匹配点的结果，如将前一条核线已经匹配的点沿边缘传递到当前核线同一边缘上的点。由于特征点的信噪比较大，相关系数也较大，可以设一个较大的阈值。当相关系数高于阈值时，认为该特征点是匹配点，否则需要利用其他条件进一步判别。

# 8.7 核线相关与同名核线的确定

## 1. 核线相关

在本章介绍的几种基本的影像相关方法，无论是目标区还是搜索区，都是针对二维的影像窗口进行二维相关计算,计算量相当大。例如,采用相关系数法相关时,需要计算相关系数 $\rho$ 的数量为 $(m-n+1)^2$ 个,当 $(m-n)$ 的数值较大时,也就是搜索区面积较大时,计算量是很可观的。数字摄影测量为了解决这个问题引入了核线相关的概念。由摄影测量基础知识可知,核面与相邻两像片的交线称为同名核线,由核线的几何关系决定同名像点必然位于同名核线上(图 8-16)。沿核线寻找同名像点,即核线相关。这样利用核线相关的概念就能将沿着 $x,y$ 方向搜索同名像点的二维相关问题转化为沿同名核线搜索同名像点的一维相关问题,从而大大减少相关的计算工作量。

### 2. 同名核线的确定

进行核线相关的第一步就是要确定同名核线。确定同名核线的方法有很多,例如,根据共面条件,基于数字影像几何纠正的方法等。其中原理最简单的就是基于数字影像几何纠正的方法,下面就介绍这种方法。

1) 基本原理及相关公式

摄影测量中获得的像片为倾斜像片,在倾斜像片上核线是互相不平行的,它们交于一个交点——核点,如图 8-17(a)所示,但是当像片相对水平时,核线是互相平行的(平行于摄影基线或称平行于像片平面的 $x$ 轴),如图 8-17(b)所示。

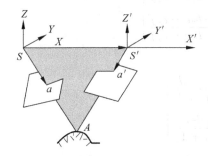

图 8-16　同名核线与同名像点

图 8-17　核线几何关系

(a) 非水平核线;(b) 水平核线

正是由于相对水平像片具有这一特征,在相对水平像片上建立规则格网,它的行就是核线。核线上像元素(坐标为 $x_t,y_t$)的灰度可由它对应的实际像片(倾斜像片)上的像元素(坐标为 $x,y$)的灰度求得,即 $g(x_t,y_t)=g(x,y)$。

倾斜像片上的像点坐标与相对水平像片上的像点坐标的几何关系如图 8-18 所示,图中水平像片上的像点 $a_t(x_t,y_t)$ 与倾斜像片上对应像点 $a(x,y)$ 之间的坐标关系式为

$$\left.\begin{aligned}
x &= -f \cdot \frac{a_1 x_t + b_1 y_t - c_1 f}{a_3 x_t + b_3 y_t - c_3 f} \\
y &= -f \cdot \frac{a_2 x_t + b_2 y_t - c_2 f}{a_3 x_t + b_3 y_t - c_3 f}
\end{aligned}\right\} \tag{8-41}$$

图 8-19 代表通过摄影基线 $SS'=B$ 和地面上一点 $A$ 构成的核面,$P,P'$ 代表倾斜的左右像片,$t,t'$ 代表平行于摄影基线的水平像片,同名光线 $SA$ 和 $S'A$ 分别于左右像片平面,交于 $a,a_t,a',a_t'$ 点,其中 $a,a_t$ 分别表示 $A$ 点在左倾斜像片 $P$、水平像片 $t$ 上相应的像点,$a'$,$a_t'$ 则分别表示 $A$ 点在右倾斜像片 $P'$、水平像片 $t'$ 上相应的像点。设 $a_1,a_2,a_3,b_1,b_2,\cdots$,

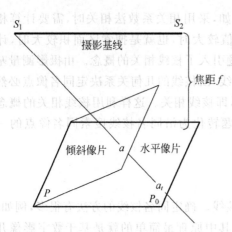

图 8-18　水平像片和倾斜像片的几何关系

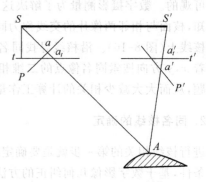

图 8-19　过 **A** 点的核面

$c$ 为左片的 9 个方向余弦(是左片 3 个外方位元素 $\varphi,\omega,\kappa$ 的函数),$f$ 为像片的主距。显然当 $y_t$ 为常数时,则为核线,将 $y_t = c$ 代入式(8-41)中,得到

$$x = -f \cdot \frac{a_1 x_t + b_1 c - c_1 f}{a_3 x_t + b_3 c - c_3 f}$$
$$y = -f \cdot \frac{a_2 x_t + b_2 c - c_2 f}{a_3 x_t + b_3 c - c_3 f}$$

(8-42)

将上式进行简化后得到

$$x = -f \frac{d_1 x_t + d_2}{d_3 x_t + 1}$$
$$y = -f \frac{e_1 x_t + e_2}{e_3 x_t + 1}$$

(8-43)

式中,

$$d_1 = \frac{a_1}{b_3 c - c_3 f}$$

$$d_2 = \frac{b_1 c - c_1 f}{b_3 c - c_3 f}$$

$$d_3 = \frac{a_3}{b_3 c - c_3 f}$$

$$e_1 = \frac{a_2}{b_3 c - c_3 f}$$

$$e_2 = \frac{b_2 c - c_2 f}{b_3 c - c_3 f}$$

$$e_3 = d_3$$

若以等间隔取一系列的 $x_t$ 值(图 8-20):$k\Delta,(k+1)\Delta,(k+2)\Delta,\cdots$ 可以得出系列的像点坐标$(k\Delta,c),((k+1)\Delta,c),((k+2)\Delta,c),\cdots$ 根据式(8-43)可以求出对应于倾斜像片上的像点坐标$(x_1,y_1),(x_2,y_2),(x_3,y_3),\cdots$,将这些像点的灰度 $g(x_1,y_1),g(x_2,y_2),\cdots$ 直接赋给相对水平像片上相应的像点,即

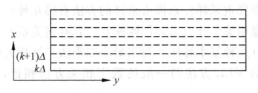

**图 8-20　等间隔的水平核线**

$$g_0(k\Delta, c) = g(x_1, y_1)$$
$$g_0((k+1)\Delta, c) = g(x_2, y_2)$$
$$\vdots$$

在相对水平像片上,同名核线的 $y$ 坐标相同,$y_t = y'_t = c$,因此可以同样将 $y'_t = c$ 代入式(8-42),得到

$$x' = -f \cdot \frac{a'_1 x'_t + b'_1 c - c'_1 f}{a'_3 x_t + b'_3 c - c'_3 f} \left.\right\}$$
$$y' = -f \cdot \frac{a'_2 x_t + b'_2 c - c'_2 f}{a'_3 x_t + b'_3 c - c_3 f} \left.\right\} \tag{8-44}$$

其中,$a'_1, a'_2, a'_3, b'_1, \cdots, c'_3$ 为右片的方向余弦,分别是右片 6 个外方位元素中 3 个角元素的函数,同样可以得到右片的同名核线。

2) 沿核线重采样

数字影像是个规则排列的灰度格网序列,图 8-20 中相对水平像片上沿核线排列的规则格网,要求每个格网的灰度值,必须按式(8-42)或式(8-43)依次将每个格网点的坐标($x_t$, $y_t$)反算到原始像片上(倾斜像片),得到相应的像点坐标($x, y$)。但是由于原始像片上所求得的像点不一定刚好落在像片的采样点上(像元素中心),因此必须进行灰度重采样,重采样的方法在前面讲过,包括双线性二次内插、双三次卷积法和最邻近法。其中双线性内插因为精度较高,计算难度适中,常常作为重采样的计算模型。

**3. 核线相关**

本章介绍的各种相关方法都可以应用于核线相关,与二维相关不同,核线相关的目标区和搜索区都是一维的影像窗口。以相关系数法为例介绍核线相关的过程:为了沿同名核线搜索同名像点,在左核线上建立一个目标区,该目标区中心就是目标点,目标区的长度为 $n$ 个像元($n$ 为奇数);在右片上沿着同名核线建立搜索区,其长度为 $m$ 个像元,共计算($m-n+1$)个相关系数 $\rho$,判别其中最大的一个,设 $k = k_0$ 时相关系数最大,则同名像点在搜索区的序号为 $k_0 + \frac{1}{2}(n+1)$。

# 习题

1. 什么是数字摄影测量?其主要内容是什么?
2. 什么是数字影像?数字影像的灰度如何表示?
3. 数字摄影测量内定向的目的是什么?写出内定像中像点坐标及扫描坐标的关系式。

4. 为什么要进行影像重采样? 影像重采样的方法有哪几种?

5. 什么是数字影像相关? 什么是影像匹配? 二者有何关系?

6. 数字影像相关有几种基本算法? 写出最小二乘法二维相关的计算过程。

7. 基于物方匹配的 VLL 方法与一般的数字相关方法相比,有何区别? 写出其解算过程。

8. 什么是基于特征的影像匹配? 有何特点?

9. 什么是核线相关? 为什么要核线相关?

# 第 9 章

## 像片纠正与正射影像技术

　　像片平面图是地面的正射影像图,它同时具有地图几何精度和影像特征,包含地面极其丰富的内容,其影像能够详细反映各类地物的形状、性质及其相互联系。正射影像具有信息性、时效性、直观性、连续性(一定历史时期的影像连续反映)、时间性现势性等特点。它可作为背景控制信息,评价其他数据的精度、现势性和完整性,也可从中提取自然资源和社会经济发展信息,为防灾治害和公共设施建设规划等应用提供可靠依据。

　　正射影像的主要获取方法之一是将竖直摄影获得的航摄像片通过像片纠正中心投影转换成地面一定比例尺的正射影像,并用正射影像的像片拼接镶嵌成像片平面图。因此本章除了介绍正射影像的概念、特点及应用等内容,主要对正射影像的制作方法——像片纠正的原理、方法进行阐述。

## 9.1　正射影像

　　随着计算机技术和数字图像处理技术的发展,摄影测量已经由模拟摄影测量发展到当今的数字摄影测量,数字正射影像(digital orthophoto map,DOM)成为数字摄影测量主要的成果之一,目前越来越多的数字正射影像被使用在国民建筑的各个方面,发挥着越来越重要的作用。本节主要介绍数字正射影像的概念、特征及生产流程等。

### 1. 概念

　　数字正射影像图是利用数字高程模型(DEM)对数字化航空摄影影像或高分辨率遥感影像,经逐像元进行投影差改正、镶嵌、按国家基本比例尺地形图幅裁切生成的数字正射影像数据集,它是同时具有地图几何精度和影像特征的图像。数字正射影像图通过逼真的影像、丰富的色彩,客观地反映地表现状,具有传统影像图和线划图无法比拟的优点。

　　数字正射影像的地面分辨率是指数字正射影像图上最小单位(一个像素)所代表的实地距离。正射影像分辨率的大小与摄影时的比例尺和像片扫描分辨率有关系。正射影像分辨率的高低与摄影时的比例尺大小成正比,扫描分辨率的高低与正射影像分辨率的高低也成正比关系,例如:一张 23cm×23cm 像幅航摄比例尺为 1/10000 的原始航片,假设扫描分辨率是 21u,则它的 $x$ 方向上的像素数是 $23/0.000021=10952$,它的影像地面分辨率是 $23×10000/10952=0.21m$。数字正射影像的地面分辨率计算公式为

数字正射影像的地面分辨率＝原始航片的航摄比例尺分母×扫描分辨率

　　每幅正射影像的精度永远是其制作时的成图精度。例如,一幅按 1/5000 成图要求制作的 0.5m 分辨率的正射影像,如果把它按 1/2000 出图,但是它的精度仍是制作成图时要求

的 1/5000 的精度。因此,数字正射影像的地面分辨率越高,它所能达到的出图比例尺就越大,当然它的文件数据量也会成倍增长。

目前,生产正射影像的数据来源主要有两种:一种是数字航空摄影拍摄的航片(图 9-1);另外一种是高分辨率的遥感影像(图 9-2)。生产正射影像图的方法主要有全数字摄影测量系统和单片微分纠正两种,但它们的基本原理都很相似,都是通过 DEM 和原始影像生成正射影像。在生产中,通常根据设备情况、地形情况和影像情况将两种方法结合使用。

图 9-1  高分辨率遥感影像制作的 DOM         图 9-2  数字航拍制作的 DOM

### 2. 数字正射影像的制作方法

#### 1) 全数字摄影测量法

在数字摄影测量工作站中,通过对数字影像进行内定向、相对定向、绝对定向后,形成 DEM,按反解法进行单片数字微分纠正,将单片正射影像进行镶嵌,最后按图幅裁切得到一幅数字正射影像图,并进行地名注记、公里格网及图廓整饰等,具体生产流程如图 9-3 所示。

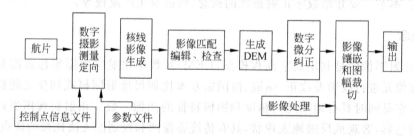

图 9-3  数字摄影测量工作站制作数字正射影像具体流程图

国内主要的数字摄影测量工作站包括 VintuoZo 系统数字摄影测量工作站、JX-4 DPW 系统和 MapMatrix 系统。其中 VintuoZo 系统可以利用对 DEM 的检测及编辑来提高 DOM 的精度,还可以在像片间、图幅间进行灰度接边,以保证影像色调的一致性,此外还具有单片数字微分纠正的模块。而 JX-4 DPW 是一套基于 WINDOWS NT 的数字摄影测量系统,因其对 DEM 的编辑采用的是单点编辑,且该系统还具有对 DOM 的零立体检查的功能,故而生产 DOM 的精度较高。MapMatrix 系统在生产 DOM 过程中增强了匀光匀色功能,还开发了专业生产和编辑 DOM 的 EPT(易拼图)软件。

2）单片数字微分纠正

如果一个区域内已有 DEM 数据，以及像片控制成果，就可以直接使用该成果数据制作 DOM。先对航摄影负片进行影像扫描后，根据控制点坐标进行数字影像内定向，再由 DEM 成果进行数字微分纠正。

3）正射影像图扫描

若已有光学投影制作的正射影像图，可直接对光学正射影像图进行影像扫描数字化，再经几何纠正就能获取数字正射影像数据。几何纠正是直接针对扫描图像变形进行数字模拟。扫描图像的总体变形可以看作是平移、缩放、旋转、仿真、偏扭、弯曲等基本变形的综合作用结果。可以用一个适当的多项式来表达纠正前后同名像点之间的坐标关系式。

### 3．数字正射影像的特点

（1）数字正射影像图和通常我们所接触的地图一样，不存在变形，它是地面上的信息在影像图上真实客观的反映。

（2）数字正射影像同时具有地图几何精度和影像特征，包含的信息远比普通地形图丰富，而且可读性更强。

（3）DOM 是数字的，因此在计算机上可局部开发放大，具有良好的判读性能、测量性能和管理性能。

（4）数字正摄影影像具有精度高、信息丰富、直观真实、制作周期短等特点。DOM 生产时人工干预较少，大部分靠计算机自动操作完成，因此可以快速成图。数字线划地图则必须进行人工判读和解译，生产周期长，耗时耗力。

（5）DOM 可作为独立的背景层与地名注名、图廓线公里格、公里格网及其他要素层复合，制作各种专题图。

（6）DOM 可作为背景控制信息，评价其他数据的精度、现实性和完整性。

相比于一般的像片，数字正射影像具有很多优点，两者的对比见表 9-1。

表 9-1　数字正射影像与一般航片资料的区别

| 比 较 项 目 | 数字正射影像 | 一 般 像 片 |
| --- | --- | --- |
| 投影方式 | 正射投影 | 中心投影 |
| 比例尺 | 固定 | 不固定 |
| 坐标系统 | 存在 | 不存在 |
| 倾斜误差 | 无 | 有 |
| 投影差 | 地面上不存在 | 有 |
| 影像拼接 | 易、精确 | 难、粗略 |
| 与矢量叠加 | 能 | 不能 |

### 4．数字正射影像的应用

数字正射影像是一种新型数字测绘产品，有着广阔应用前景的基础地理信息数据，通过逼真的影像、丰富的色彩客观反映地表现状，与线划图相比具有地面信息丰富、地物直观、工作效率高、成图周期短的特点，同时数字正射影像图的数据也便于应用。

1) 数字正射影像应用于测绘生产

数字正射影像图是一种既具有地物注记、图面可测量性等常规地形图的特性又具有丰富直观的影像信息的一种图件。利用正射影像图勾绘地物图形进行地形生产,就是曾经广为应用的像片图测图,这种技术现在仍然有其生命力。现在很多省份的1∶10000地形图、2007年开始的全国第二次土地调查等都是用数字线划图DLG叠加数字正射影像进行外业调绘。数字正射影像图也可以用于修测地形图。由于制作原因,正射影像上建筑物仍然存在投影误差,但对于低层建筑或小比例尺地形图来说投影差可以忽略不计。由于地形图生产周期长,更新速度慢,而正射影像生产周期短,利用正射影像快速修测小比例尺地形图是一种简单、便利的好方法。

2) GIS三线图的采集与更新

随着GIS应用的越来越广泛,发挥的作用越来越大,对基础的地形数据尤其是三线(道路、铁路、河流)数据的需求也越来越大,这就对三线图的精度、现势性及今后的更新与维护提出了更高的要求,然而利用传统的修测方法很难保证其精度,而仅对三线数据进行实测更新,在经济上又存在较大的浪费,因此利用数字正射影像对三线数据进行更新无疑是经济实用的方法。利用数字正射影像与已有的三线数据叠加,在影像上直接提取数据,就可完成三线数据的更新与维护。

3) 数字正射影像图在土地变化方面的利用

数字正射影像图的像幅范围大、信息量丰富、获取方便、更新快、可以及时为土地决策部门提供决策所需的信息,通过系列数字正射影像图的定期(如三年期、五年期、十年期、二十年期、五十年期)对比了解现代城市的建设发展历程,体现了城市和环境以及土地利用等方面的发展变化,得到相应的土地利用类型分类图,还可以对这些分类图进行数据叠合等处理,获取土地利用动态变化信息。正射影像资料具有宏观、快速、动态、综合的优势,数字正射影像图资料可以为编制国土规划和地区经济规划提供国土资源(自然资源和社会资源)、环境和自然灾害调查与分析评价资料等。

4) 数字正射影像图在城市规划中的应用

在城市规划设计、建设和管理中,数字正射影像图提供了大量的信息,以直观、翔实的影像反映了许多实地勘察中的盲点,利用数字正射影像可以更真实、直观地了解城市的地形地貌及环境状况。同时,利用数字正射影像图作为规划底图,使规划内容与周边环境的关系更加清晰,在旧区改造、历史古建筑保护、城市重点区域和地区标志性建筑的规划设计中可以发挥十分重要的作用。

在城市规划建设的方面,可以利用数字正射影像图进行范围的标定,并且能及时提供坐标和计算出相应的面积,直观地反映该区域的现状与之相关的情况。通过数字正射影像图标定区域后,在正射影像图上进行设计区域规划建设的效果图和虚拟三维地图,在规划设计时就可以知道未来该区域的情况,现实体现所示区域性规划的效果。此外,与地理信息处理软件和规划设计、建筑设计的综合应用可以精确地设计出未来城市的风貌。

5) 利用数字正射影像制作三维景观模型

作为模型化的城市现状的表现形式,城市景观模型对于总体规划设计思想的形成以及把握城市建设和发展的方向,具有重要的作用。传统的城市景观模型是用纸板或其他材料制作的非数字式模型,要想做得逼真就会费时费钱。用数字正射影像制作三维景观具有非常广阔的发展前景,可以为城市规划的成功决策提供最基本、最直观的技术支持,电子沙盘景观更加真实,携带更加方便,更新也更加容易。此外,三维景观会给予公安部门、消防部门的警力部署,电力部门的线路架设及交通部门的管理调度巨大的支持和再现。

#### 5. 数字正射影像的精度控制及成图质量要求

1）精度控制

（1）DEM 检查

制作 DOM 存在接边问题。接边不仅涉及几何精度的问题,还涉及不同影像间的色调差异问题,这就要求检查 DEM 是否接边。在保证接边无误的情况下对 DEM 进行镶嵌,并保证测区外围接边图幅的 DEM 数据完整,以避免 DOM 外扩尺寸不符合规范的要求。

（2）与已有矢量图套合进行目视检查

如在 MapMatrix 中参考 DLG 和 DOM,目测法检查影像与矢量的套合。这样能够发现影像局部的位移变形,比如影像上山头与等高线不套合、桥梁和高架路的偏移等情况。

（3）野外检测

可采用明显地物点外业实测坐标与数字正射影像上同名像点坐标进行比较。

2）成图质量要求

数字正射影像图的成图质量要求包括：整幅图色彩均衡,色调一致；图像清晰,色彩自然,层次分明,目视能明显区分不同地物；目视无明显曝光不足和曝光过度的现象,并且无明显的噪点,数学上表现出色彩直方图比较均衡；无地物出现拉花现象、扭曲变形错位等现象；每个像素对应实际地面具有相同的空间分辨率；每幅图的图幅范围（对应地表的范围）都是按要求起始和终止的；每幅图上的像素对应的地理坐标同实际地面的地理坐标误差都在限差范围内,表现在几何精度在规定范围内；每幅图同相邻图幅表现在地理坐标和像素颜色上都是零误差接边的。

## 9.2　像片纠正的概念与分类

### 1. 像片纠正的概念

将竖直摄影的航摄像片通过投影变换消除像片倾斜引起的像点位移,并限制或消除地形起伏引起的像点位移,获得相当于航摄像机物镜主光轴在铅垂位置摄影的水平像片,同时改化规定的成图比例尺,这种作业过程称为像片纠正,其实质就是将中心投影的像片变成具有正射投影性质的像片。当像片水平且地面为水平的情况下,航摄像片就相当于该地区比例尺为 $1:M(=f/H)$ 的平面（正射影像）图。像片纠正的对象主要是单张像片。

像片纠正的方法也经历了模拟纠正到数字纠正的过程。随着计算机技术和数字图像处理技术的发展,数字摄影测量已经取代模拟和解析摄影测量,成为摄影测量发展的主流,同样模拟纠正也已经被数字纠正取代。目前对像片的纠正多是采用基于计算机技术的数字纠正,因此本节主要介绍数字纠正,其他方法只做简单介绍。

### 2. 像片纠正的分类

像片纠正的方法分为光学和数字两大类,其中光学纠正根据所摄地区地形条件又分为光学机械纠正法(平坦地区)和光学微分纠正法(山地)。光学纠正一般需要使用专业的仪器——光学纠正仪,而数字纠正只需要在计算机上用相关的软件即可完成,目前数字纠正是像片纠正的主要方法。

1) 光学机械纠正法

光学机械纠正法对航摄影像进行纠正,是摄影测量的传统方法,该方法主要针对平坦地区,一般使用纠正仪进行正射纠正。

光学机械纠正法的原理如图 9-4 所示,$P$、$S$ 和 $T$ 表示摄影时的像片平面、投影中心和水平地面,摄影航高为 $H$,地平面 $T$ 上的 $A$、$B$、$C$、$D$ 四点,在像片 $P$ 上的构像为 $a$、$b$、$c$、$d$。在室内利用光学投影仪器建立起与摄影光束相似的投影光束,再按一定的比例,如 $H/M$,安置水平的承影面 $E$,并用灯光从上面照明负片,使影像通过投影物镜投射到承影面 $E$ 上得到 $a_0$、$b_0$、$c_0$、$d_0$,它们与像片 $P$ 上的 $a$、$b$、$c$、$d$ 互为投影关系,且组成的几何图形与地面点 $A$、$B$、$C$、$D$ 组成的几何图形相似。如在承影面 $E$ 上放置相纸,经曝光和摄影处理后,得到所摄地区比例尺为 $1:M$ 的部分正射影像图,将某一地区的纠正像片一次进行纠正并进行拼接镶嵌,就得到整幅的像片图,称为像片平面图或正射影像图。在纠正仪上进行纠正时,必须满足几何条件和光学条件。几何条件是指承影面上的影像与水平地面上相应点组成的图像保持几何相似。而光学条件是在满足了几何条件,建立起透视对应关系之后,要保持在承影面上得到全面清晰的影像,也就是要满足光学共轭条件。

纠正仪的具体操作步骤如下:首先在像片进行纠正的范围内,至少选择 4 个已知控制点,然后将这些控制点按图比例尺刺在图底上,最后进行纠正,通过人工平移、旋转图底,以及操作纠正仪将图 9-5 中底点与承影面上的点(像点投影在承影面上的点)完全重合,就完成了纠正。

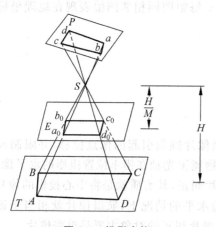

图 9-4 投影变换

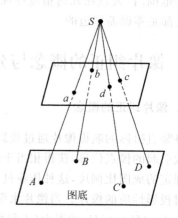

图 9-5 对点纠正

理论上,只有真正平坦的地面所拍摄的航摄像片才适合于纠正,但实际作业时,任一点在规定比例尺的底图上所产生的投影差 $\Delta h$ 不超过 $\pm 0.4mm$ 时,就可采用光学机械纠正方法。在一张纠正像片的作业面积内,如果任何像点的投影差都不超过此数值,这样的地区就称为平坦地区。在这样的地区,只要把倾斜误差设法消除,即使忽略了投影误差影响(实际上是限制在某一微小范围内)也依然能保证成图精度。对于投影差超过限差且属丘陵的地区,可以采用带纠正的方法,即根据像片使用范围内的高差,将其分为不同高度的若干个带。对不同高度的带,分别采用不同的纠正比例尺,分别进行纠正,使每一带的所有点在底图上的投影差都不超过规定的±0.4mm。而对山地的航摄像片采用光学微分纠正的方法。

### 2) 光学微分纠正法

对于所有点在底图上的投影差超过规定的±0.4mm且属山地的航摄像片,可采取一定程度的近似,即使用一小块面积作为一个纠正单元进行纠正。最常见的小面积呈线状面积,也就是一个纠正单元,亦称缝隙,其宽度为 0.1～1.0mm级,长度也只有几毫米,使用这样一个呈线状面积的小块沿扫描方向连续移动,这种纠正方法称为光学微分纠正,又称为正射投影技术(图 9-6)。对山地影像,在正射投影仪上,将影像分解成小面元的集合,以小面元为纠正单元,按小面元的断面高程来控制纠正元素,经投影变换实现纠正的技术。

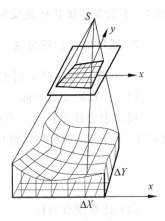

图 9-6　光学微分纠正

光学微分纠正需要在专门的正射投影仪上进行,有直接微分纠正和间接微分纠正两种方式:直接投影方式(中心投影关系)是指像片平面与纠正基准面处在满足相似光束像片纠正的几何条件和光学条件的位置上,投影摄像光线使用恢复了像片的内、外方位元素的中心投影光线;而间接投影方式中像片平面与纠正承影面的位置是任意的,一般采取两平面相互平行,且垂直于纠正单元基准面的投影摄像光线,图点与像点间的关系通过函数关系表达。

## 9.3　数字微分纠正

数字微分纠正是目前像片纠正的主要方法,它是根据已知影像的内定向参数和外方位元素及数字高程模型,按一定的数学模型用控制点解算,从原始非正射投影的数字影像获得正射影像,这种过程是将影像化为很多微小的区域(可为一个像元大小的区域),逐一进行纠正。这种直接利用计算机对数字影像进行逐个像元纠正的微分纠正,称为数字微分纠正。

数字微分纠正多在数字摄影测量系统中进行,适用于各类地区,是逐像元的严格纠正,作业所需 DEM 可在同一系统中自动生成。

### 1. 基本原理

在已知像片内定向参数、外方位元素以及数字高程模型的前提下,按一定的数学模型用控制点解算,数字微分纠正与光学微分纠正一样,可实现两个二维图像之间的几何变换,因此首先要确定原始影像与纠正后影像之间的几何关系。

设任意像元在原始影像与纠正影像中的坐标分别为$(x,y)$、$(X,Y)$,它们之间存在着映射关系:

$$x = f_x(X,Y), \quad y = f_y(X,Y) \tag{9-1}$$
$$X = \varphi_x(x,y), \quad Y = \varphi_y(x,y) \tag{9-2}$$

式(9-1)是由纠正后的像点 $A(X,Y)$ 出发反求其在原始图像上的像点 $a$ 的坐标$(x,y)$,然后在原始图像上内插出 $a$ 的灰度值后,再将灰度值赋予 $A$ 点,这种方法称为反解法(或称为间接解法)。式(9-2)与之相反,是由原始图像上像点 $a(x,y)$ 求解纠正后图像上相应点 $A$ 的坐标$(X,Y)$,并将原始影像点 $a$ 的灰度值赋予纠正点 $A$,这种方法称为正解法(或称直接法)。不管是正解法还是反解法,数字纠正实质上是纠正像素的几何位置和灰度。

### 2. 数字微分纠正方法

1) 间接法数字微分纠正

(1) 计算地面点坐标

设正射影像上任意一点(像素中心)$p$ 的坐标为$(X',Y')$。由正射影像左下角图廓点坐标$(X_0,Y_0)$与正射影像比例尺分母 $M$,计算 $p$ 点所对应的地面点坐标$(X,Y)$。

$$\left.\begin{array}{l} X = X_0 + MX' \\ Y = Y_0 + MY' \end{array}\right\} \tag{9-3}$$

(2) 计算像点坐标

应用反解公式计算原始图像上相应像点坐标 $p(x,y)$,在航空摄影情况下,反解公式为共线方程:

$$\left.\begin{array}{l} x_p = -f\dfrac{a_1(X-X_s)+b_1(Y-Y_s)+c_1(Z-Z_s)}{a_3(X-X_s)+b_3(Y-Y_s)+c_3(Z-Z_s)} + x_0 \\[3mm] y_p = -f\dfrac{a_2(X-X_s)+b_2(Y-Y_s)+c_2(Z-Z_s)}{a_3(X-X_s)+b_3(Y-Y_s)+c_3(Z-Z_s)} + y_0 \end{array}\right\} \tag{9-4}$$

式中,$Z$ 为 $p$ 点的高程,由已知 DEM 内插求得。

基于矩形格网的 DEM 多项式内插双线性多项式(双曲抛物面)内插,根据最邻近的 4 个数据点,可确定一个双线性多项式。

(3) 灰度内插

由于所求得的原始图像上的像点坐标不一定正好落在其扫描采样的点上,因此,这个像点的灰度值不能直接读出,必须进行灰度内插,一般采用双线性内插方法求得像点 $p$ 的灰度值 $g(x,y)$。

(4) 灰度赋值

最后将像点 $p$ 的灰度值赋予纠正后像元素 $P$,即

$$G(X,Y) - g(x,y) \tag{9-5}$$

依次对每个纠正像元素完成上述运算,即能获得纠正的数字图像,这就是反解算法的原理和基本步骤。因此,从原理上讲,数字纠正是属于点元素纠正。

反解法数字微分纠正的整体步骤如图 9-7 所示,该方法是数字纠正最常用的方法之一。此方法的优点是,从输出的某一个有规律的数字地面模型的节点 $P(X,Y)$ 出发,反算其相应的输入影像点的点位 $p(x,y)$,此时数字地面模型上的节点 $P$ 高程 $Z$ 是已知的,故可以直接使用。而缺点是,由于反算而得的在原始影像上的像元素,一般不会正好落在其扫描采样的点上,则这点的灰度值不能直接读取,还需进行内插求得,最后进行赋值。

2) 直接法数字微分纠正

(1) 进行单张像片空间后方交会,即根据一张航摄像片上不在一条直线上的三个以上

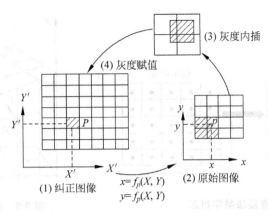

**图 9-7 间接法数字纠正**

已知点的地面坐标,建立摄影中心、像方点、地物点三点共线的共线方程,计算该像片 6 个外方位元素。

(2)在像片上测量像点坐标 $p(x,y)$,并取一近似高程 $Z$。

(3)将 $(x,y)$ 及 $Z$ 代入共线方程式(9-6)中,计算出地面坐标近似值 $(X_1,Y_1)$。

$$
\left.
\begin{aligned}
X_1 &= Z \cdot \frac{a_1 x + a_2 y - a_3 f}{c_1 x + c_2 y - c_3 f} \\
Y_1 &= Z \cdot \frac{b_1 x + b_2 y - b_3 f}{c_1 x + c_2 y - c_3 f}
\end{aligned}
\right\}
\tag{9-6}
$$

(4)将 $(X_1,Y_1)$ 代入 DEM 中内插出高程 $Z_1$,重复步骤(2)、(3),直至 $(X_{i+1},Y_{i+1},Z_{i+1})$ 与 $(X_i,Y_i,Z_i)$ 之差小于给定的限差。用单张像片与 DEM 制作正射影像是一个迭代求解过程。

(5)最后将原始图像上像点 $p$ 的灰度值赋予纠正后的正射影像上相应的像元素 $P$。

如图 9-8 所示,正解法数字微分纠正是从原始图像出发,将原始图像上逐个像元素用正解公式(9-2)求解纠正后的像点坐标。这一方案存在很大的缺陷,因为纠正后的图像所得到的纠正像点是非规则排序的,有的像元素内部可能出现空白(无像点),而有的像元素可能出现重复(多个像点),因此很难实现灰度内插并获得规则排列的数字影像。

### 3. 数字微分纠正实际解法

从原理上讲,数字纠正是点元素纠正,但在实际的软件系统中,几乎无一是逐点采用反解公式求解像点坐标的,而均以"面元素"作为"纠正单元",一般以正方形作为纠正单元,即用反算公式计算该纠正单元 4 个"角点"的像点坐标 $(x_1,y_1)$,$(x_2,y_2)$,$(x_3,y_3)$ 和 $(x_4,y_4)$,而纠正单元内的坐标 $(x_{ij},y_{ji})$ 则用双线性内插求得,此时 $x,y$ 是分别进行内插求解的,其原理如图 9-9 所示。内插后得到任意一个像元 $(i,j)$ 所对应的影像坐标 $(x,y)$ 为

$$
\left.
\begin{aligned}
x(i,j) &= \frac{1}{n^2}\left[(n-i)(n-j)x_1 + i(n-j)x_2 + (n-i)jx_4 + ijx_3\right] \\
y(i,j) &= \frac{1}{n^2}\left[(n-i)(n-j)y_1 + i(n-j)y_2 + (n-i)jy_4 + ijy_3\right]
\end{aligned}
\right\}
\tag{9-7}
$$

根据求得的像点坐标,再由灰度双线性内插求解其灰度值。

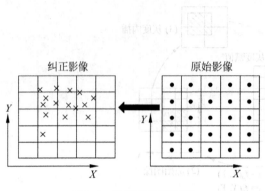

纠正影像　　　　原始影像

图 9-8　直接法数字纠正

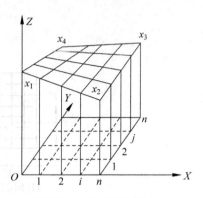

图 9-9　坐标的双线性内插

# 习题

1. 什么是正射影像？它与普通的像片有何区别？
2. 正射影像的主要制作方法有哪几种？正射影像的特点是什么？
3. 简述数字正射影像的应用。
4. 什么是像片纠正？分为哪几类？像片纠正的目的是什么？
5. 什么是数字微分纠正？主要有哪几种方法？
6. 写出直接法数字微分纠正的主要步骤。

# 第10章

# 数字摄影测量系统

　　近 20 年来,随着计算机的广泛应用和信息处理技术的飞速发展,模拟和解析摄影测量已经被数字摄影测量取代,数字摄影测量已经成为摄影测量发展的主流,数字摄影测量是摄影测量学发展的必然趋势。数字摄影测量最重要的产品是数字摄影测量系统。数字测量系统是对影像进行自动化测量与识别,完成摄影测量作业的所有软、硬件构成的系统,相对于传统的摄影测量系统而言,具有占用空间小、自动化程度高、生产效率高等优点。

　　数字摄影测量系统的发展分为三个阶段。①第一个阶段是 1955—1981 年,该期间主要特点是提出了数字摄影测量环境的概念、思想和基本设想。由于没有合适的硬件和软件以及缺少数字影像,因此这一阶段没能开发出真正的商业化系统。②数字摄影测量工作站真正发展阶段是在 1982—1988 年,该阶段就是数字摄影测量工作站发展的第二个阶段,历时较短。1988 年在日本京都举行的 ISPRS 会议上,制造商 Kern 推出了第一个商业化数字摄影工作站 DPSI,它被称为遥感与数字摄影测量领域系统发展的标志性成就。该阶段的应用软件主要从解析测图仪衍生而来,性能和功能都非常有限,因此很多专家对第一代数字摄影测量系统持有怀疑态度。③数字摄影测量工作站发展的第三个阶段是数字摄影测量系统发展快速和相对成熟的时期,这一阶段随着计算机软硬件技术的飞速发展,数字摄影测量系统开始在摄影测量领域占据绝对优势。由于计算机技术的支持,数字摄影测量系统仅仅利用一台计算机,加上专业的摄影测量软件,就代替了过去传统的、所有的摄影测量的仪器,其中包括纠正仪、正射投影仪、立体坐标仪、转点仪、各种类型的模拟测量仪以及解析测量仪。这些仪器设备曾经被认为是摄影测量界的骄傲,但是,目前除解析测图仪还有少量生产外,其他所有的摄影测量光机仪器都已经完全停止生产。这种发展已经引起了产业界的变革,即精密的光学、机械制造业转为信息产业,其重心也从欧洲转移到了美国。原来著名的摄影测量、光机仪器制造厂商,如瑞士的徕卡(Leica)已经与美国的 Helava 合并,德国的 Zeiss 也将与美国的 Intergraph 合并。

　　数字摄影测量工作站是数字摄影测量系统的软、硬件主要载体或主要核心部分,数字摄影测量工作站是对数字摄影测量系统的具体实现。数字摄影工作站按其自动化功能可分为三种类型:半自动化模式,它是在人、机交互状态下进行工作;自动模式,它需要作业员事先定义、输入各种参数,以确保其完成操作的质量;全自动模式,它完全独立于作业员的干预。目前数字摄影测量工作站所具有的全自动模式功能还不多,一般处于半自动与自动模式。我国王之卓教授提出了全数字摄影测量(full digital photogrammetry)的概念。这种定义认为,在数字摄影测量过程中,不仅产品是数字的,而且中间数据的记录以及处理的原始资料均是数字的。全数字摄影测量系统目前已经发展到第二代,具有采编一体化、内外一体化、图库一体化的数字摄影测量生产新模式,并且具有同步数据更新能力。全自动模式这一目标在不久的将来能够逐步实现。

# 10.1 数字摄影测量系统的组成

数字摄影测量系统主要由软件和硬件两部分构成。硬件由手轮、脚轮、脚踏板、红外发生器以及液晶眼镜等组成。软件主要有影像数字化、影像处理测量、影像定向、核线影像、影像匹配、自动空中三角测量、建立数字高程模型、自动绘制等高线、制作正射影像、正射影像镶嵌与修补、数字测图、制作影像地图、制作透视图、景观图和制作立体匹配片等功能模块。数字摄影测量系统的发展很大程度上是计算机技术发展的结果,数字摄影测量系统可以认为是计算机应用学科的一部分。数字摄影测量系统可以与计算机可视化、计算机仿真、模拟、计算机动画、计算机网络密切地联系在一起,从而极大地扩展了数字摄影测量的应用领域。

## 10.1.1 硬件组成

数字摄影测量系统的硬件主要由计算机及外部设备组成。其中计算机可以是个人计算机、集群计算机(多台个人计算机联网组成)、小型机和工作站。外部设备一般包括立体观测、操作控制和输入/输出等部分。

### 1. 计算机

计算机是数字摄影测量系统的核心,相对于普通的计算机,数字摄影测量系统中的计算机有一些特殊要求以满足系统正常运行的需要。目前国内的主流数字摄影测量系统包括武汉适普的 VirtuoZo,航天远景的 MapMatrix,北京四维的 JX-4(图 10-1),在这些系统中要实现三维立体观测,有些系统要求计算机显示器中的监视器刷新频率达到 100Hz 以上,有些则要求双显示器。此外,数字摄影测量系统要输入、处理和输出高分辨率的图像,计算机中

(a)                                      (b)

**图 10-1 数字摄影测量工作站(DPW)**
(a)北京四维数字摄影工作站;(b)适普数字摄影工作站

的独立显卡要求性能优越。为了实现左、右像片的同时显示,系统有时采用双显示器,有的则还是采用一台主机一台显示器的配置。

**2．立体观测**

数字摄影测量系统的立体观测部分实际上包括计算机显示器、显卡和立体观测眼镜。立体观测眼镜常见的有红绿眼镜、立体反光镜、闪闭式液晶眼镜和偏振光眼镜四种(图 10-2)。目前数字摄影测量系统一般采用闪闭式液晶眼镜加发射器,它与显示器交替闪烁,利用视觉暂留原理,形成立体的效果。立体反光镜仿照人眼立体观测的原理,在双显示器上进行立体观测。红绿眼镜实际上是利用滤光原理,使一只眼睛看到红色部分,另一只看到绿色部分,这样看到两个不同的像片产生立体效果。偏振光眼镜则是根据偏振光原理,让一个眼镜片只能通过横向波,另一个只能通过纵向波,同样达到两只眼睛看到的像片不同的效果,进行立体观测。在这四种方法中,红绿眼镜价格最便宜,但是立体观察效果差,一般只用于体验;而闪闭式液晶眼镜由于价格适中,观测效果较好,因此被广泛应用。

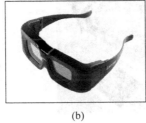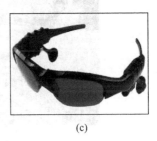

(a)　　　　　　　(b)　　　　　　　(c)

**图 10-2  常见的立体观察眼镜**

(a)红绿眼镜;(b)闪闭式液晶眼镜;(c)偏振光眼镜

**3．操控系统**

数字摄影测量系统的操控系统目前有三种:手轮、脚轮、鼠标,三维鼠标和普通鼠标(图 10-3)。随着数字摄影测量系统的发展,一般的鼠标基本上能完成数字摄影测量的大部分工作,但是在追踪等高线时最好使用手轮和脚轮,手轮、脚轮的优点是在大比例尺测图和

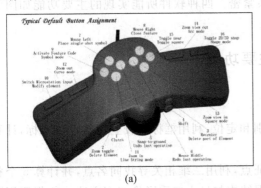

(a)　　　　　　　(b)

**图 10-3  部分操控系统**

(a)三维鼠标;(b)手轮、脚轮

等高线绘制中,作业质量要高一些,但其缺点是作业人员的培训周期长,劳动强度高,作业效率低,技术比较落后。数字摄影测量3D鼠标代替传统的手轮、脚轮和脚开关,实现对3D地形地物与线画图的全要素跟踪采集,3D鼠标的特点是作业人员上手掌握速度快,培训时间短,作业效率高,劳动强度低,技术先进。目前3D鼠标适用于国内主要的数字摄影测量系统,但是因为价格昂贵,所以还未被广泛推广。

#### 4. 输入和输出设备

系统输入设备主要指胶片影像的数字化扫描仪,是将模拟像片转换成数字影像的模/数转换设备(图10-4)。用于数字摄影测量的扫描仪主要有两类:第一类是单片扫描,也就是采用成卷底片自动扫描的方式,价格比较低廉;第二类是鼓式扫描仪,又称为滚筒式扫描仪,它使用的感光器件是光电倍增管,扫描效果非常好,由于该类扫描仪一次只能扫描一个点,所以扫描仪速度较慢,扫描一张像片花费几十分钟是很正常的事情。

图 10-4　数字摄影测量输入、输出设备

## 10.1.2　软件组成

数字摄影测量系统的软件实际上是解析摄影测量软件与数字图像软件的集合,主要包括数字影像处理软件、模式识别软件、解析摄影测量软件和辅助功能软件。其中数字影像处理软件和模式识别软件是数字摄影测量系统的核心软件,它们是计算机技术发展到一定阶段才具备的功能,与数字图像处理技术关系紧密。四种软件所能实现的主要功能如图10-5所示。

## 10.1.3　数字摄影测量工作站的主要功能

#### 1. 定向参数的计算

(1) 内定向。框标的自动与半自动识别和定位,利用框标检校坐标与定位坐标,计算机扫描坐标系与像片坐标系间的变换参数。

(2) 相对定向。将左影像分别提取特征点,利用二维相关寻找同名点,并计算5个相对定向参数 $\varphi_1$,$\kappa_1$,$\varphi_2$,$\omega_2$,$\kappa_2$。金字塔影像数据结构与最小二乘影像匹配方法一般都要用于相对定向的过程。这一过程目前基本实现了自动化,人工干预的很少。

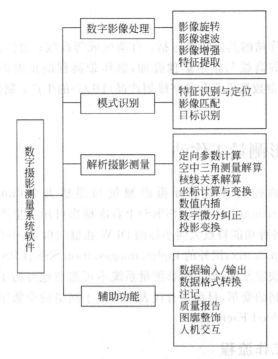

**图 10-5 数字摄影测量软件系统主要功能**

（3）绝对定向。绝对定向目前主要由人工在左、右影像上定位控制点，根据已有的像控点资料和控制点点位图，在两张相邻影像上找到足够多的控制点，并输入控制点点号，由最小二乘匹配确定同名点，然后计算绝对定向参数 $\Phi$、$\Omega$、$K$、$\lambda$、$X_s$、$Y_s$、$Z_s$。目前绝对定向的自动化程度较低，绝大多数仍需人工操作。

### 2．空中三角测量

空中三角测量基本算法与解析摄影测量相同，但由于数字摄影测量可利用影像匹配，代替人工转刺，从而极大地提高了空中三角测量的效率，避免了粗差，提高了精度。

### 3．形成按核线方向排列的立体影像

按同名核线将影像的灰度重新排列，形成核线影像。

### 4．影像匹配

建立相对定向模型，搜索同名点时，只需要在同名核线上搜索，大大提高了同名像点的查找速度和精度。

### 5．建立 DEM（数字高程模型）

绝对定向后，可以计算出大量同名像点的地面坐标 $(X,Y,Z)$，然后内插 DEM 格网点高程，从而建立 DEM。

### 6. 其他

数字摄影测量工作站的其他功能包括：自动生成等高线；制作正射影像，还包括正射影像的镶嵌与修补；等高线与正射影像叠加，制作带高程的正射影像；数字化测图系统(IGS)，也就是进行矢量数据采集和数字线划产品(DLG)的生产；制作景观图、透视图和三维地面。

# 10.2  数字摄影测量工作站

自 1992 年在华盛顿召开的国际摄影测量与遥感大会(international society for photogrammetry and remote sensing, ISPRS)上首次推出可用于生产的商用数字摄影测量工作站(DPW)以来，各种功能特点大同小异的 DPW 相继问世，其中较有代表性的有国内的 VirtuoZo、JX-4 和 MapMatrix，国外的 Inpho、Imagestation SSK、LPS 等。但是近 10 年网络技术和计算机技术的快速发展，数字摄影测量系统不可避免地经历了一场从数字摄影工作站到数字摄影测量网格的变革，目前具有代表性的基于网格的全数字摄影测量系统有国内的 DPGrid 和国外的 Pixel Factory。

## 10.2.1  工作站工作流程

目前国内的数字摄影测量工作站的一般工作流程如图 10-6 所示。

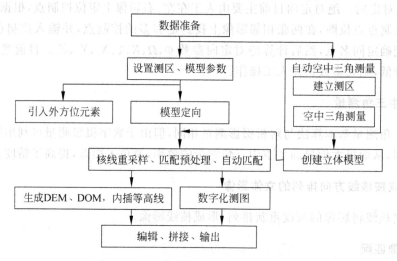

**图 10-6  数字摄影测量工作站工作流程图**

对于国内外大多数的数字摄影测量工作站来说，目前可以实现全自动或几乎全自动作业方式的操作包括：内定向及相对定向；核线重采样(水平核线的生成)；数字空中三角的自动转点、平差计算；DEM 生成及 DEM 自动生成等高线；数字微分纠正。而需要人工干预和半自动化的操作步骤为：绝对定向中控制点的识别；DEM 和 DOM 的交互式编辑；矢量测图等。

## 10.2.2　国内主要的工作站

### 1. 全数字摄影测量系统 VirtuoZo

适普公司成立于 1996 年,也是国内最早的数字摄影测量公司,其核心技术来源于原武汉测绘科技大学(王之卓院士,张祖勋院士)30 多年的研究成果。VirtuoZo NT 系统是适普软件有限公司与武汉大学遥感学院共同研制的全数字摄影测量系统,属世界同类产品的五大名牌之一。此系统是基于 Windows NT 的全数字摄影测量系统,利用数字影像或数字化影像完成摄影测量作业。由计算机视觉(其核心是影像匹配与影像识别)代替人眼的立体测量与识别,不再需要传统的光机仪器。

VirtuoZo 的原始资料、中间成果及最后产品等都是以数字形式呈现,克服了传统摄影测量只能生产单一线划图的缺点,可生产出多种数字产品,如数字高程模型、数字正射影像、数字线划图、景观图等,并提供各种工程设计所需的三维信息,各种信息系统数据库所需的空间信息。VirtuoZo NT 不仅在国内已成为各测绘部门从模拟摄影测量走向数字摄影测量更新换代的主要装备,而且也被世界诸多国家和地区所采用。下面从主要功能模块、系列产品和主要特点三个方面对 VirtuoZo 进行介绍。

1) 主要功能模块

(1) 数据输入

① 影像数据输入。接受数字影像,主要数据格式有 TIFF(具体包括：标准格式的 TIFF、Tiled TIFF、JPEG TIFF、GeoTIFF 和以 11Bit,12bit 和 16bit 存储的 TIFF 影像)、NITF,SGI(RGB),BMP,TGA,SUN Raster,VIT 及 JFIF/JPEG 等。

② 等高线矢量数据输入。输入已有地形信息(等高线、特征线、特征点)的 DXF 和 USGS 格式文件,构造三角网并内插矩形格网。

③ DEM 数据输入。既可以直接将 USGS DTED2 格式的 DEM 转换为 VirtuoZo 格式的 DEM,也可直接将 Lidar 格式的 DTM 数据(一般为 *.xyz 文件)转换为 VirtuoZo 格式的 DEM。

(2) 自动空中三角测量

自动空中三角测量包括全自动内定向、全自动选点、全自动相对定向、全自动转点和半自动测量地面控制点。本模块具备预测地面控制点和交互编辑连接点的功能,并能自动整理成果,建立各模型的参数文件。

(3) 定向操作

① 内定向。框标的自动识别与定位。利用相机检校参数,计算扫描坐标系与像片坐标系之间的变换参数,自动进行内定向,提供人机交互后处理功能。

② 相对定向。左右影像分别提取特征点,利用二维相关寻找同名点,计算相对定向参数,自动进行相对定向,提供人机交互后处理功能。

③ 绝对定向：由人工在左右影像上定位控制点点位,采用影像匹配技术确定同名点,计算绝对定向参数,完成绝对定向。支持立体测量功能,可通过手轮、脚轮直接驱动立体影像来调整控制点和像点坐标。

（4）生成核线影像

将原始影像中用户选定的区域,按同名核线重新采样,形成按核线方向排列的立体影像。可采用两种方式生成核线影像:非水平核线方式和水平核线方式。

（5）匹配预处理及影像匹配

进行自动匹配之前,可在立体模型中测量部分特征点、特征线和特征面,作为影像自动匹配的控制。匹配预处理后在核线影像上进行一维影像匹配,确定同名点,匹配中采用金字塔影像数据结构和基于跨接法的松弛法整体匹配算法。

（6）建立 DTM/DEM

将匹配后的视差格网投影于地面坐标系,利用移动曲面拟合,内插生成不规则的数字表面模型 DTM。再进行插值计算,建立矩形格网的精确数字高程模型（DEM）。

（7）DEM 编辑

可将 DEM 结果叠加在立体影像上,直接进行编辑。完全支持新红、绿立体观察 DEM以及对应等高线。根据 DEM 实时绘制等高线,使编辑有了更加直观的观测方式,并提供快速显示功能。

（8）正射影像的自动制作

采用反解法进行数字纠正,自动生成正射影像图,比例尺由参数确定。可以使用VirtuoZo 系统产生的 DEM 文件、DTM 文件,甚至是 XYZ（VirtuoZo 生成的矢量测图文件格式）和 DXF（由 AutoCAD V12 生成的矢量数据文件）格式的矢量数据文件,直接对原始影像进行纠正,并且可以选择纠正格网的类型（三角网或矩形格网）。

（9）地物数字化

用计算机代替解析测图仪,用数字影像代替模拟像片,用数字光标代替光学测标,在计算机上对地物进行数字化。

（10）数据输出

① 将 VirtuoZo 格式的 DEM 文件转换为 DXF、Arc/Info Grid ASCII 纯文本格式、BIL、NSDTF-DEM 和 TEXT(xyz) 等格式。

② 将 VirtuoZo 格式的等高线转换为 DXF 或 ASCII 纯文本格式。

③ 将 VirtuoZo 格式的影像转换为通用的 TIFF、GeoTIFF、TIFF World、TGA、SUNRASTER、SGI(RGB)、BMP、JPEG 和美国地质调查局（USGS）使用的 DOQQ 格式。其中GeoTIFF、TIFF World 和 DOQQ 属于国际上通用的正射影像文件格式,可将 VirtuoZo 生成的正射影像文件直接转换为这些标准的正射影像文件格式。

2）VirtuoZo 系列产品及模块

（1）VirtuoZo Classic——全数字化摄影测量软件标准版

VirtuoZo 标准版,生产 DEM、DOM、DLG 和 DRG 产品的全数字摄影测量软件。其中还包括基于第三方 DEM 数据（USGS 格式）制作正射影像、基于正射影像的数字测图以及与 Microstation 接口的立体数字测图和正射影像测图等功能。

（2）VirtuoZo Lite——全数字化摄影测量软件普及版

VirtuoZo 系列产品功能非常强大,同时也需要较高的硬件配置做支撑,但是对于部分教育用户,他们不需要系统达到数据生产的标准;而对于去野外作业的用户,他们携带高配置的计算机非常不方便,需要携带笔记本更为合适。针对这一情况,适普公司开发了

VirtuoZo Lite,该版本是 VirtuoZo 的普及版本,提供 VirtuoZo 标准版本的所有功能,用户可使用传统的红绿眼镜进行立体观测。VirtuoZo Lite 降低了对硬件的要求,可在笔记本电脑上运行,尤其适用于教育系统的教学培训或个人单机使用。

(3) VirtuoZo OrthoKit——制作正射影像软件

适普软件将 4D 数据生产工序做了详细分工,让专业客户只购买感兴趣的软件功能模块,从而降低购买成本。VirtuoZo OrthoKit 模块就是针对只制作正射影像的客户开发的,它屏蔽了 VirtuoZo 的立体测图功能。该模块具有自动生成正射影像、制作 DEM 或基于第三方 DEM 数据(USGS 格式)制作正射影像和提供在正射影像上进行数字测图的功能。它还包括专业影像处理模块,该系统具有匀光和对正射影像/原始影像进行无缝镶嵌的功能。

(4) VirtuoZo AAT——自动空中三角测量系统

适普公司推出的空中三角测量系统 VirtuoZoAAT-Patb,利用了 VirtuoZo 数字摄影测量系统的核心技术——世界上最先进、速度最快的影像匹配算法,形成了一个功能强大、高效、快速、自动化程度高的自动空中三角测量系统。它具有全自动内定向,自动识别和转刺连接点,半自动测量控制点,自动构建区域网,可与多种区域网平差软件建立接口,以及加密成果、自动整理等先进功能。PATB 是世界上最著名、应用最广泛的光束法区域网平差软件包。由于采用了理论上最严密、可补偿系统误差的自检校光束法平差算法,同时加入了先进实用的粗差检测算法,因而可获得高精度的平差结果,并具有高效的粗差检测功能。其他特点包括:一个测区可采用多种不同的摄影机,进行机载 GPS 数据的联合平差,适应交叉航线等各种航摄资料等。

适普公司将 AATM 和 PATB 有机地融合为一个整体,形成了世界上技术最先进,功能最完善,精度、效率、可靠性及自动化程度最高的自动空中三角测量系统 VirtuoZoAAT-PATB。该系统无与伦比的强大功能,可极大地提高整个数字测绘生产体系的效率和自动化程度,并为测绘生产体系的自动化管理奠定了强有力的基础,从而可创造出巨大的技术效益、经济效益和社会效益。

(5) VirtuoZo MapEngine——数字化测图软件

数字影像测图是利用计算机代替解析测图仪,用数字影像代替模拟像片,用数字光标代替光学光标,直接在计算机上进行数字化测图的作业方法。该交互式数字影像测图系统主要用于地物量测。用户可在立体影像或正射影像上,进行地物数据采集及编辑,生成数字测图文件,并按标准的制图符号将之输出为矢量地形图。

3) 主要特点

全数字摄影测量系统 VirtuoZo 具有以下特点:

(1) 全软件化设计:VirtuoZo 是一个全软件化设计、功能齐全和高度智能化的全数字摄影测量系统。

(2) 高度自动化:影像的内定向、相对定向、影像匹配、建立 DEM、由 DEM 提取等高线和制作正射影像等操作,基本上不需要人工干预,可以批处理地自动进行。

(3) 高效率:相对定向只需 1~2min,匹配同名点的速度达到 2000 点/s 以上。

(4) 灵活性:系统提供了自动化和交互处理两种作业方式,用户可以根据具体情况灵活选择。

(5) 通用性:系统不仅能基于航空影像生产 1∶50000~1∶500 各种比例尺的 4D 产品

（DEM、DOM、DLG 和 DRG），还能处理近景影像、中等分辨率的卫星影像（如 SPOT、TM 等卫星影像）、Ikonos 卫星影像、QuickBird 卫星影像、OrbView 卫星影像、SPOT5、P5 和可测量数码相机影像。

（6）处理多种传感器数据模型：系统不仅能处理航空像片，ADS40 模块还能用于处理 ADS40 传感器数据，RPC 模型用于处理高分辨率卫星影像数据，包括 Ikonos、QuickBird、OrbView、Spot5、P5 等。

### 2．航天远景 MapMatrix 软件

MapMatrix 又名多源空间信息综合处理平台，是武汉航天远景 2005 年推出的功能强大的软件平台。该系统致力于对航空影像、数码量测相机、卫星遥感、外业等多种数据源进行空间信息的综合处理，不仅为 4D 基础数据的生产加工提供丰富完整的软件工具，同时借助数据库管理器、项目管理器和统一的数据管理接口将项目和数据有效管理起来，为后期数据增值和共享提供基础。MapMatrix 具有开放的数据交换格式，可与其他测图软件平台、GIS 软件和图像处理软件方便地共享数据。

航天远景公司虽然起步较晚，但是发展迅速，最近几年不但在传统的数字摄影测量技术上不断创新，而且与摄影测量发展的热点技术紧密结合，不断进行新技术、新软件的开发，是一个非常有发展前景的软件公司。

1）主要功能

全/半自动影像内定向、相对定向和绝对定向功能；快捷的控制点预测和编辑功能；高效的影像匹配、影像纠正功能；强大的 DEM 生成、编辑和拼接功能；灵活的数字正射影像（DOM）生成和修复功能；简单易用的影像匀光匀色功能；支持数据定制及 DXF、DWG、TXT、SHP 等流行格式的数据；支持可视化的符号库生成和编辑；强大的矢量采集和编辑功能；强大的数据管理功能及坐标转换功能等。

2）系统特征

（1）支持多种数据源

支持多种传感器类型，如框幅式成像 UCD、UCX、UCXP、DMC、常规胶片、无人机小数码等；星载推扫式成像 ALOS、P5、SPOT1/2/3/4/5、IKONOS、QuickBird、WorldView、GeoEye Ⅰ/Ⅱ、Orbview、RapidEye、"天绘一号"等；机载三线阵影像 ADS40/80、3DAS1 等。

（2）采编一体化测图

MapMatrix 采编一体化测图模块 FeatureOne 内置了丰富的立体编辑功能，无论是快速修测还是实时立体编图，都能很好地胜任。

（3）强大的漫游和显示引擎

MapMatrix 支持实时核线，使传统测量中的数据准备环节（相对定向、核线采集）全部得以省略，大大节省了硬盘空间和作业时间；交错偏振立体，可以抛开沉重的 CRT 显示器、昂贵的立体显卡及立体眼镜、立体发射器，迈入液晶立体时代；精细放大，使用了精细放大技术，能够避免同类软件中放大发虚的问题。

（4）丰富的 DEM/DOM 处理功能

MapMatrix 的 DEM/DOM 处理功能更加丰富，它支持局部匹配，用户在困难区域只需勾勒一条特征线，匹配模块就能够很好地实时匹配附近区域，并且将 DEM 替换，也支持

DEM/DOM 编辑的联动,局部修正了 DEM,DOM 亦能实时局部纠正及替换更新,同时还具有使用点、线、面混合的特征编辑功能,使复杂地形也能快速准确处理。

（5）强大的坐标系转换功能

MapMatrix 支持任意坐标系间的相互转换,尤其支持直接使用北京 54 或西安 80 控制点,直接输出基于北京 54 或西安 80 的 4D 产品,这是国外产品难以做到的,同时它还支持输出经纬度坐标,对于境外测图尤其适用。

3）系列产品及模块

（1）MapMatrx（远景图阵）系列：该系列产品专为使用垂直摄影航空影像、卫星影像、无人机影像等,快速生产包括数字正射影像 DOM、数字线划图 DLG、数字地面模型 DEM、数字地表模型 DSM 等标准基础测绘产品的专业用户打造的全功能数字摄影测量平台。包括 DatMatrix（图阵新空中三角系统）、SaTMatrix（卫星影像处理系统）、MapMatrix（图阵立体测图系统）、ArcMatrx（图阵联机测图系统）等模块。

（2）PhotoMatrix（远景像阵）系列：PhotoMatrix 遥感影像处理系统是专为需要高效率处理大面积海量航空影像、卫星影像以快速制作数字正射影像 DOM、数字地面模型 DEM 和数字地表模型 DSM 等测绘产品的高性能遥感处理集群。

（3）VirtuousoGrid 系列：远景维阵（VirtuousoGrid）倾斜影像处理系统是专门用于倾斜影像的三维建模,并具备对三维模型进行场景编辑、模型单体化、智能测图、三维变化检测等功能的系列产品。它包括：三维建模集群（Virtupso3D）、图阵三维智能测图系统（MapMatrix3D）、三维地理信息服务平台（3DMatrix）、无人机倾斜摄影系统（SyMatrix）等模块。

（4）SyMatrix 系列：该系列是航天远景的无人机航摄系统,包含了针对倾斜摄影的盘旋多旋翼倾斜摄影系统和针对传统航空摄影的垂直起降固定翼无人机航摄系统。

（5）EDUMatrix 系列：EDUMatrix 教学系列主要针对 MapMatrix 教学及 MapMatrix 新手入门的辅助教学系统。该系统包含教点解析、交互教程、软件考核三大部分,非常有利于新手快速入门。

4）技术优势

（1）独有算法让自动化处理的效率高出同类产品 2 倍以上。

（2）测图、DEM 编辑等模块功能丰富,操作方便,较同类产品提高生产效率 50％以上。兼容性好,支持最新的显示设备（例如立体液晶显示）、最新的传感器类型和最新的输入方式。

（3）架构先进,对于用户提出的新需求能够以最快的时间响应。

（4）实时核线,节约大量数据准备时间。

（5）不需额外投资的全并行计算架构,比同类产品提速 200％以上。

## 3．北京四维 JX-4

北京四维远见信息技术有限公司创办于 1989 年 3 月,创办人为中国工程院刘先林院士,主要产品包括：JX-4 数字摄影测量工作站、数字空中三角测量系统软件、SWDC-4 数字航空摄影仪（SWDC-5 数字航空倾斜摄影仪）、高精度轻小型航空遥感测量系统、SSW 车载激光建模测量系统、SW3DGIS 超自然真三维地理信息系统软件、NewMAP 新图软件以及

DEM/DOM 采集的限制，它流程是上 E（DEM、DOM 生成、正射
校正图拼合）线，而前的的校程或斯加的，使更多通拉 电得以准确从可程。

1）主要作业流程

主要作业流程如图 10-7 所示，从流程图上可以看出 JX-4 DPS 和武汉大学遥感学院的全数字摄影测量系统 VirtoZo 差不多，能进行全流程的摄影测量工程处理，生产 4D 产品等，同时 JX-4 DPS 也可以进行空中三角测量。线阵数据主要是指 ADS 影像（如徕卡公司的 ADS40 和 ADS80 相机）和"嫦娥"工程三线阵影像。

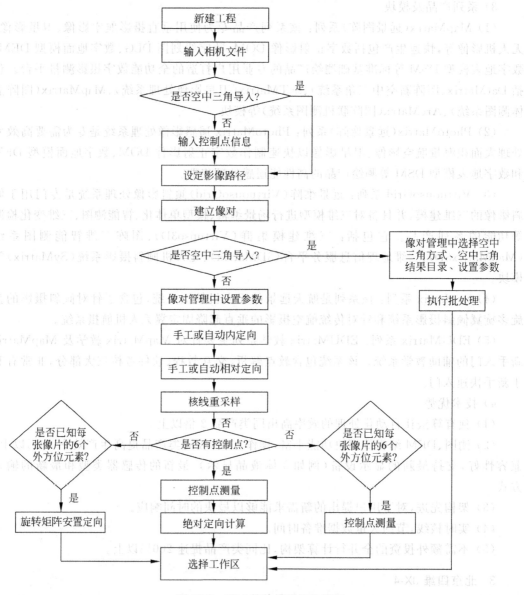

**图 10-7　JX-4 航片模型作业流程**

2）系统输入、输出数据

JX-4 DPW 可输入的数据有两种：一种是面阵数据，另一种是线阵数据。其中面阵数据包括胶片扫描、数码影像以及 IKONOS、SPOTS、IRS-P5、WorldView、QuickBird 等五种

能输出立体像对的卫星影像。

JX-4 DPS 系统可输出矢量数据（DGN、DXF、ASC、JX-4 和 Shapfile 格式）、DEM 数据（ASC、DXF、JX-4）、TIN 数据（JX-4、ASC、DXF）和 DOM 数据（Tiff、TFW）四类数据。

3）JX-4 的特点

（1）精度高，刺点精度高，生产的 DEM 质量好，正射影像接边差小，影像清晰；

（2）采用双屏显示，系统处理立体影像时，立体影像清晰、稳定，具有无可比拟的优势；

（3）采用硬件漫游，并行数据传输，传输速度快且影像漫游非常平稳；

（4）在测大比例尺地图时高程可达到很高的精度，满足大比例尺规范要求；

（5）系统所采用的数据格式都是开放的国际常用的格式。

4）优势

（1）双屏幕显示，图形和立体可独立显示于两个不同的显示器上，增大视场，立体感强，影像清晰、稳定，便于进行立体判读。

（2）在接收遥感数据方面具有超强的兼容性，JX-4G 数字摄影测量工作站除了进行常规的航空影像处理外，还可接收诸如 IKONOS、SPOT5、QuickBird、ADEOS、RADARSAT、尖三等卫星与雷达影像，可通过以上数据获取 DEM、DOM、DLG 成果。

（3）由 Tin 生成正射影像，解决了城市 1∶1000，1∶2000 比例尺正射影像中由于高层建筑和高架桥引起的投影差问题，使大比例尺正射影像完全重合，更加精确地描述诸如道路等地物的形态，没有变形。

（4）有 Tin 软件，使建立模型定向参数的管理、影像相关、DEM 生产、DOM 生产、DLG 生产、测图，均由面向单像对作业方式变为面向区域，即多像对、多航线作业方式，再由向量、Tin 的合并功能将区域拼接成整个测区，提高作业效率，保证 DEM、DOM、DLG 的精度。

（5）有 1∶500、1∶1000、1∶2000、1∶5000、1∶10000、1∶50000 等各种比例尺的符号库（国标码符号库），测图时使用方便。

（6）有二次大地定向软件，解决国家测绘局长期以来先外业控制，后内业测图的问题，使外业和内业可以同时作业，提高了工作效率，保证了测图精度。

4．DPGrid

目前，数字摄影测量系统正在经历一场从数字摄影测量工作站到数字测量网格的变革，具有代表性的基于网格的全数字摄影测量系统有国内的 DPGrid 和国外的 PiXel Factory。DPGrid（数字摄影测量网格系统）是将计算机网络技术、并行处理技术、高性能计算技术与数字摄影测量处理技术相结合而研制的新一代摄影测量处理平台，其性能远远高于当前的数字摄影测量工作站。其中应急救灾非常规航空影像和低空数码影像的自动处理、大范围正射影像快速更新等技术居国际领先水平，在汶川大地震应急响应和国土资源调查等领域产生了巨大的作用。

针对不同传感器类型，DPGrid 数据处理可分为航空摄影测量模块（框幅式影像）、低空摄影测量模块（框幅式影像）、正射影像快速更新模块和 ADS40 模块。

1）工作流程图

DPGrid 的工作流程（图 10-8）与适普等数字摄影工作站的操作流程大致相同。但是 DPGrid 制作正射影像的速度和质量都得到了很大的提高。同时它还具备自动匹配无缝

DSM、采集无缝正射影像、无缝测图等核心功能。

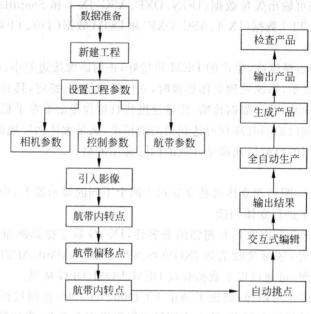

图 10-8  DPGrid 工作流程图

2) DPGrid 系统的组成

DPGrid 系统由两大部分组成:

(1) 高性能遥感影像自动处理系统 DPGrid.core

由高性能集群计算机系统与磁盘阵列组成硬件平台,以最新影像匹配理论与实践为基础的全自动数据处理系统。这一部分的主要功能包括数据预处理、影像匹配、自动空中三角、数字地面模型以及正射影像的生产等。

(2) 基于网络的测图系统 DPGrid.SLM

系统硬件由服务器+客户机组成。其中服务器负责任务的调度、分配与监控;客户机实际上就是由摄影测量生产作业员进行人机交互生产线划图(DLG)的客户端。整个系统是一个集成的、相互协调的、基于图幅的无缝测图系统。

3) DPGrid 系统特点

(1) 生产流程简单化:无单幅正射影像、无 DEM/DOM 拼接、无核线影像,作业员只管开机关机和应用手轮脚轮,无须考虑模型和图幅,按要求测绘等高线、地物及其他地图要素,测图的同时即可接边。减少中间流程和中间结果,直接获得最终结果。

(2) 任务设计人性化:图幅(DEM、DOM、DLG)全部由服务器根据作业要求予以裁剪与整饰,不仅完全符合实际任务需要,而且大大提高了生产效率。

(3) 任务分配自动化:管理员可以在服务器上,按照图幅随时将任务自动下达到每一个作业员;作业员在客户端只需单击任务列表中的具体任务,就可以自动下载与任务相关的数据,然后开始测图作业。

(4) 图幅接边网络化:由于服务器上已经保存了图幅接边关系表,因此作业员不仅可以在本机上看到邻近图幅中已测的矢量数据,而且同时在接边区内参照其他用户已测数据进行接边,图幅之间的接边是通过网络进行的。

（5）矢量采编和 DEM 采编一体化：DPGrid.SLM 集成了生成高保真度 DEM 和等高线编辑功能,实现了 DEM 自动生成的等高线与人工测绘的等高线保持一致的功能。DEM 生成、等高线编辑与手工测绘线划图在同一作业环境下完成,无需额外的软件处理,大大缩短了作业时间。

（6）数据处理多元化：可应用于航空数码相机摄影、低空数码相机摄影、常规光学摄影经过扫描的数字影像、ADS40 三线阵影像、SPOT 影像、三线阵测图卫星影像、Lidar 的小像幅测图等。

（7）专业分工层次化：高水平专业人员在服务器上集中处理对专业技术要求较高的作业步骤;而具体的测图和编辑等常规作业,则分布到客户端上由普通作业员完成。

（8）生产监控实时化：管理员可通过网络随时监控每个工作站的生产进度和工作状态,及时对生产中出现的问题进行处理和调整,有效地集数据生产与生产管理于一体。

# 10.3　数字摄影测量产品

与传统的模拟摄影测量和解析摄影测量相比,数字摄影测量的产品非常丰富,主要产品包括:

（1）影像参数(空中三角测量加密成果或影像定向结果);

（2）各种比例尺的数字地面模型 DEM(或数字表面模型 DSM);

（3）数字线划图(DLG);

（4）数字正射影像图(DOM);

（5）透视图、景观图;

（6）可视化三维立体模型;

（7）各种工程设计所需的三维信息;

（8）各种信息系统、数据库所需的空间信息。

# 习题

1. 数字摄影测量工作站主要硬件组成是什么? 画出其硬件框图。

2. 数字摄影测量工作站的软件组成主要部分是什么?

3. 画出数字摄影测量工作站的一般工作流程图。

4. 试写出国内外主要的数字摄影测量工作站。

5. 写出 VirtuoZo 工作站主要的作业流程。

6. 数字摄影测量工作站主要的产品有哪些?

# 参 考 文 献

[1] 金为铣,杨先宏.摄影测量学[M].武汉:武汉大学出版社,2003.
[2] 王佩军,徐亚明.摄影测量学[M].3 版.武汉:武汉大学出版社,2016.
[3] 张剑清,潘励.摄影测量学[M].2 版.武汉:武汉大学出版社,2009.
[4] 徐芳,邓非.数字摄影测量学基础[M].武汉:武汉大学出版社,2017.
[5] 张保明.摄影测量学[M].北京:测绘出版社,2008.
[6] 林君建,苍桂华.摄影测量学[M].北京:国防工业出版社,2006.
[7] 邓非,闫利.摄影测量实验教程[M].武汉:武汉大学出版社,2012.
[8] 王双亭.摄影测量学[M].北京:测绘出版社,2017.